Matthias Gebhard-Rheinwald

Der Hofladen

Widmung
Für Birgit, Elena und Julian

Matthias Gebhard-Rheinwald

Der Hofladen

Planung, Marketing, Werbung

2., überarbeitete Auflage
55 Fotos und Zeichnungen
6 Tabellen

Ulmer

Inhaltsverzeichnis

Vorwort

Betrachtet man den Anteil der Direktvermarktung landwirtschaftlicher Produkte ab Hof, die derzeit 3 % beträgt, so könnte man die Situation auch mit den Worten von Asterix umschreiben: „Wir finden uns im Jahre 2016 n. Chr., ganz Deutschland ist von Supermärkten durchsetzt ... Ganz Deutschland? Nein! Eine kleine Gruppe von wackeren Direktvermarktern hört nicht auf, den Lebensmittelgiganten Widerstand zu leisten und eigene Ideen zu entwickeln. Sie erfreut sich sogar steigender Beliebtheit, umso stärker, je enger die Märkte werden."

Doch auch in der Direktvermarktung weht ein rauer Wind, Kreativität ist angesagt. Es ist schon lange nicht mehr damit getan, eine Kiste Äpfel vors Tor zu stellen und mit einem handgesägten Schild, auf dem „Äpfel zu verkaufen" steht, Werbung zu machen. Wer langfristig erfolgreich sein will, muss sich den veränderten Verbraucherwünschen anpassen und mehr bieten, z. B. neue Produkte wie Apfelsaft-in-der-Box, Apfelessig, Apfelprosecco, Apfelchips. Qualität, Werbung und Präsentation müssen stimmen, um dem Lebensmittel-Einzelhandel Paroli bieten zu können!

Ratgeber für Direktvermarkter wurden in den letzten Jahren viele verfasst. Die Bandbreite ist sehr vielfältig. Stammte der Verfasser des Werkes aus der Branche, war der kreative Horizont unter Umständen begrenzt. Kam der Autor jedoch aus der Wirtschaft/Industrie, so wurde manches Mal über das Ziel hinausgeschossen, denn Modelle, die dort sehr wohl funktionieren, können in der Regel nicht direkt auf die bäuerliche Direktvermarktung übertragen werden.

In dieses Vakuum ist Matthias Gebhard-Rheinwald mit seinem Ratgeber „Der Hofladen" hineingestoßen, denn er ist in beiden Branchen zu Hause. Aufgrund seiner Ausbildung in Werbung und Marketing berät er seit vielen Jahren mittelständische Unternehmen. Als Betriebsleiter, Brenner und Direktvermarkter hat er das Metier der Direktvermarktung „von der Pike auf gelernt". Und deshalb unterscheidet sich das Buch von den vielen anderen, denn aufgrund dieser Konstellation ist es spannend und lebendig. Denn hier werden die elementaren Grundsätze aus diesen beiden unterschiedlichen Bereichen mit großem Gewinn für den Leser zusammengefügt.

Das Buch wendet sich an Direktvermarkter und solche, die sich mit dem Gedanken tragen, demnächst einen Hofladen zu gründen.

Erfolgreiche Direktvermarkter sind innovativ, neuen Produkten und Ideen gegenüber sehr aufgeschlossen und ganz nah an Ihren Kunden. Jeder Hofladen hat seine individuelle Vermarktungsstrategie und seine Geheimnisse des Erfolges, seinen eigenen „Zaubertrank".

Es geht hier deshalb nicht darum, Ihr Vermarktungsprofil, das viel Zeit und Geld kostet, zu beschreiben. Vielmehr darum, die allgemeinen Erfahrungen als Hofladenbetreiber mit Kunden, Werbung, Beschwerden oder Wünschen bezüglich Vermarktungsempfehlungen zu erläutern und zu reflektieren.

Wer von der Lektüre dieses umfassenden und lebendigen Nachschlagewerkes ein Patentrezept erwartet, liegt falsch, denn das gibt es nicht! Dafür gibt es aber reichlich Ideen und Anregungen für die Komposition eines „betriebseigenen Zaubertrankes“! Viel Spaß beim Zubereiten!

Werner Ollig
Dienstleistungszentrum (DLR) – Rheinpfalz

1 Wir eröffnen einen Hofladen!

Hofläden – ein ungebrochener Trend

Fette, Eiweiße, Kohlenhydrate, Vitamine und Spurenelemente sind die Grundnährstoffe, die unser „Kraftwerk" Körper täglich mit den wichtigsten Grundnährstoffen versorgen. Das Bewusstsein der Verbraucher für diese essenziellen Nährstoffe fokussiert sich daher immer mehr auf qualitativ hochwertige Lebensmittel. Gesunde Lebensmittel sind deshalb unser wichtigstes Gut, denn durch die Nahrungsaufnahme führen wir unserem Körper ständig Stoffe zur Stärkung der Abwehrkräfte, Senkung des Blutdrucks und Vermeidung vieler alltäglicher Mangelerkrankungen in unseren Körper zu.

Hofläden sind längst nicht mehr nur Nischenmärkte. Sie bekommen in unserer Gesellschaft eben wegen des Bewusstseins um die eigene Gesundheit einen immer höheren Stellenwert.

Produktion, Verarbeitung, Lagerung und Vermarktung liegen in der Hand des Erzeugers. Wenn er alle Schritte der Wertschöpfungskette sorgfältig plant und ausführt, liefert er dem Kunden ein Produkt, dass durch Qualität und Frische kaum überboten werden kann.

1.1 Umdenken im Absatz

Was motiviert Erzeuger, ihre Produkte selbst zu vertreiben? Betrachtet man die Preise, die heute beim Großhandel gezahlt werden, oder die Preise, die Genossenschaften ihren Mitgliedern zahlen, dann wundert man sich nicht, wenn man in den Gesichtern der Erzeuger nur Unmut erkennt. Betrachtet man den eigenen Betrieb, so wird die Traktorreparatur bei gleicher Leistung von Jahr zu Jahr teurer, eine landwirtschaftliche Leistung aber immer schlechter bezahlt. Diese Kosten muss ein Betrieb decken können. Die Erzeugerpreise stehen heute in keiner Relation mehr zu den Produktionskosten, selbst wenn die Erzeugung der Produkte ausnahmsweise ganz ohne Wetterschäden verläuft. Kommt das Erfrieren der Blüten, das Übernässen der Felder, ein Hagelschaden oder lange Trockenheit im Sommer dazu, schwindet der Gewinn rasch.

Die Landwirtschaft benötigt neue Vertriebswege, um ihre Produkte zu vermarkten. Direktvermarktung bedeutet Direkteinstieg in den Handelsmarkt mit allen Konsequenzen, aber auch allen Vorteilen. Als Direktvermarkter haben Sie die große Chance, nicht nur Ihre Waren, sondern auch Ihre Fachkompetenz direkt an den Mann zu bringen.

1.2 Die Aufgaben der Direktvermarktung

Direktvermarktung bedeutet, dass Sie Ihre Produkte im persönlichen Kontakt direkt an die Endverbraucher verkaufen können. Sie können eigene Märkte und Vertriebswege schaffen und dabei Ihr Angebot individuell prägen.

Zudem trägt der Hofladen volkswirtschaftlich dazu bei, dass das Geld in der Region bleibt und nicht durch Verflechtungen der Handelsketten in andere Gebiete transferiert wird.

Bei erfolgreicher Vermarktung können Sie sogar Arbeitsplätze schaffen. Das wird auch von den Kunden honoriert, die mit ihrem Einkauf im Hofladen unter anderem die Region unterstützen und fördern möchten.

In jeder landwirtschaftlichen Ausbildung wird sie erwähnt: die Liebig'sche Tonne mit den Fassdauben. Hier gilt sie nicht für die Nährstoffe zum Pflanzenwachstum, sondern für die Aufgaben der Direktvermarktung. Lernen Sie, mit diesen Werkzeugen umzugehen, denn Sie müssen Ihre Vermarktung aus einem geschickten Mix verschiedener Faktoren wie Werbung, Hoffeste, Probiertage und vielen anderen Marketingmethoden gestalten, um erfolgreich zu sein.

Die Aufgaben eines Direktvermarkters:
- Koordination von Produktion und Verkauf,
- Gewährleistung gleichbleibender Qualität auch bei Lagerung,
- Kundenakquisition und Marketing,
- Dekorations- und Verkaufsförderungsmaßnahmen,
- Organisation von Veranstaltungen (z. B. Hoffeste, Briefaktionen, Probiertage),
- Pressearbeit und Werbung.

Die Liebig'sche Tonne gilt auch für das Führen eines Hofladens.

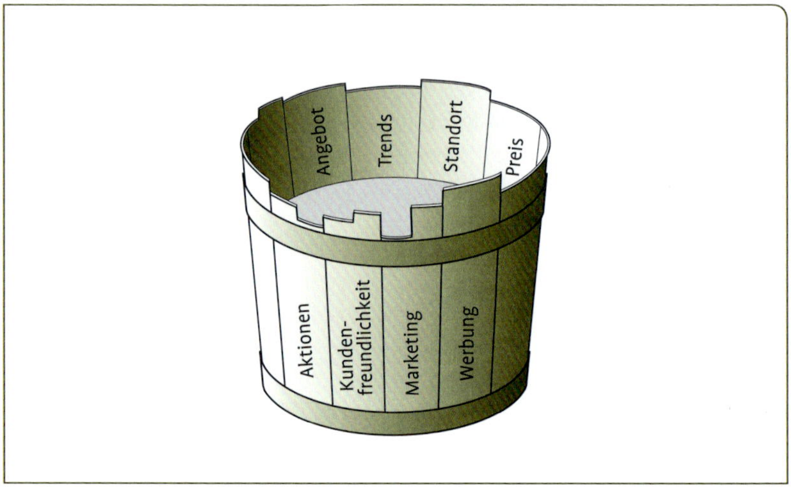

Nicht jeder Hofladen ist gleich. Angebot und Nachfrage werden durch viele Faktoren bedingt, die sich teilweise auch gegenseitig beeinflussen. So wirkt sich zum Beispiel ein ungünstiger Standort mit geringer Kundenfrequentierung auf die Frische der Produkte aus.

Diese Faktoren beeinflussen die Direktvermarktung:

- **Der Erzeugerbetrieb:** Charakteristik des Betriebes, Betriebsgröße, Vielfalt, landwirtschaftliche Erzeugungsbreite.
- **Die Produktpalette:** landwirtschaftliche Urprodukte aus eigener Produktion als auch Produkte der 1. bzw. der 2. Veredlungsstufe. Weiterhin Handelsprodukte anderer Betriebe oder Zusatzprodukte, die die eigene Produktlinie vertiefen:
  - eigene Erzeugnisse,
  - Handelswaren,
  - Markteinschätzung,
  - Wettbewerbsanalyse.
- **Betriebslage:** Bei einer Lage innerhalb des Ortes mit wenig unmittelbar vorhandenen Parkmöglichkeiten (Möglichkeit des Parkens auf einem angrenzenden Parkplatz).
  Bei einer Lage des Betriebes als Aussiedlung meist ein gutes Platzangebot vorhanden.
- **Kundennähe:** Manche Kunden haben einen kurzen Anfahrtsweg zu Ihnen. Sie kommen tendenziell öfter und kaufen pro Besuch weniger ein.
  Ein Teil Ihrer Kunden hat einen längeren Anfahrtsweg. Diese Personen besuchen Ihren Hofladen seltener und kaufen pro Besuch mehr ein.

Wichtige Kriterien sind:

- Wettbewerb,
- Standort,
- Verkehrsanbindungen,
- Verkehrswege,
- Arbeitskräfte,
- behördliche Auflagen,
- Zukunftsaussichten.

1.3 Kunden fordern Frische

Sie möchten bewusst essen und genießen und sind bereit, dafür zu zahlen. Die Stärke eines Hofladens liegt in der hohen Qualität der Produkte. Ausgereiftes Obst und Gemüse enthalten wertvolle Nährstoffe und überzeugt mit einzigartigem Geschmack. Kurze Transportwege und eine persönliche Beratung durch kompetentes Fachpersonal runden das Einkaufserlebnis ab. Kunden schätzen genau diese Eigenschaften. Zudem bewerten sie positiv, dass Hofläden oft Teile regionalen Wertschöpfungsketten sind.

Hofläden geben dem Kunden die Gewährleistung,

- dass er äußerst frische und schmackhafte Nahrungsmittel einkaufen kann,
- dass ihm kompetentes Personal zur Seite steht,
- dass er freundlich bedient wird,
- dass er verstanden wird,
- dass er persönlich wahrgenommen wird.

Bei Produkten aus dem Hofladen dominiert vor allem die Qualität, die dem Kunden immer wichtiger wird als die niedrigen Preise, mit denen viele Handelsketten locken. Dass die Kunden hochwertige, frische Produkte wieder zu schätzen wissen, ist der erfolgreichen Aufklärung der letzten Jahre zu verdanken. Man hat durch gezielte Werbekampagnen das Image der Erzeuger und ihrer Produkte verbessert. Und dieses hohe Image ist die Welle, die Direktvermarkter trägt.

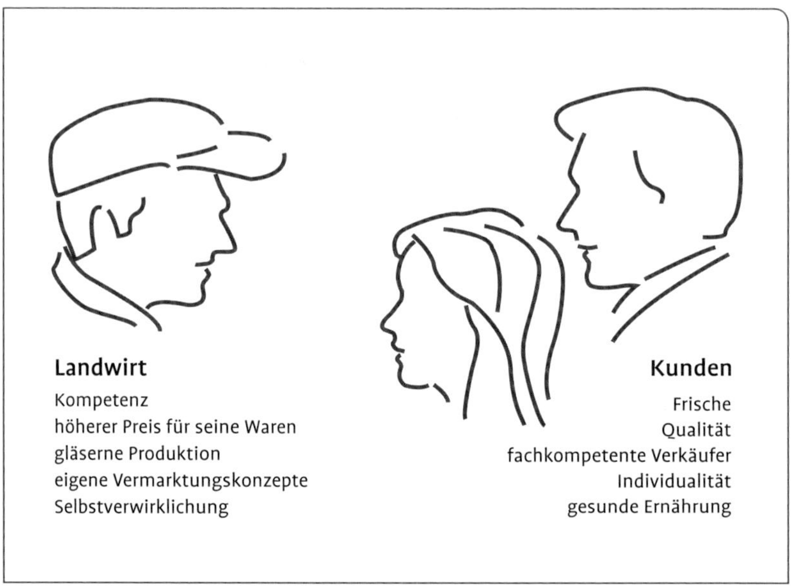

Landwirte und Kunden möchten von der Direktvermarktung profitieren.

Es ist wichtig, den eigenen Betrieb und das Image der Hofläden ständig zu fördern und zu verbessern.

Der Einkauf im Hofladen bedeutet für Kunden:
- nachvollziehbare Herkunft der Produkte,
- direkte Informationen aus erster Hand,
- Tipps zur Lagerung und Weiterverarbeitung,
- persönlicher Kontakt zum Erzeuger
- besonderes, naturnahes Einkaufen,
- Unterstützung und Förderung der Region.

1.4 Persönlicher Kundenkontakt fördert den Umsatz

„Wer nicht lächeln mag, soll keine Geschäfte machen!" – Ein Hofladen lebt auch vom Kontakt mit dem Kunden.

Fragt man Stadtmenschen nach dem Leben auf dem Land, kommen ihnen häufig Begriffe wie Idylle, Romantik, Natur pur, Familie, frische Luft, Freiheit und Ähnliches in den Sinn. Sie sehen den Bauern, der gemütlich seine Obstbäume schneidet oder ein Glas Wein genießt, während gestresste Manager von einem Meeting zum nächsten hetzen. Mit diesen Vorstellungen fahren sie auch zum Einkaufen aufs Land. Dem Alltagsstress entflohen, möchten sie in eine „heile Welt" eintauchen.

Mancher Landwirt möchte jetzt laut aufschreien und den romantischen Vorstellungen ein Ende bereiten. Aber betrachten wir die Situation von einer anderen Seite: Wie die Arbeit auf dem Land tatsächlich aussieht und wie sie von anderen gesehen wird, ist zweierlei. Warum soll man dieses Bild des Kunden zerstören. Geben Sie dem Kunden das, was er anderswo nicht findet.

Ein wichtiger Grundsatz lautet: Kunden kaufen nicht nur Waren in Ihrem Hofladen. Sie möchten auch den kleinen Plausch, den Balsam für ihre Seele. Sie kaufen ein Stück Persönlichkeit und Vertrautheit durch menschliche Kommunikation. Ob Sie es glauben oder nicht – die menschliche Kommunikation ist der beste Verkäufer! Binden Sie Ihre Kunden, indem Sie sie freundlich bedienen und individuell auf ihre Wünsche eingehen. Am wohlsten fühlen sich Ihre Kunden, wenn sie sich von Ihnen verstanden fühlen.

2 Der erste Schritt zum Hofladen – die Planung

Für das erfolgreiche Bestehen auf dem Markt ist eine entsprechende Planung notwendig. Um mit dem Hofladen für Kunden aktuell zu bleiben, ist es wichtig, eine Planung in kurz-, mittel- und langfristige Zeiträume einzuteilen.

Das ist sinnvoll, da die kurzlebigen Markttrends ebenso am Umsatz beteiligt sind wie die langfristigen Kernprodukte des Betriebes.

2.1 Langfristige, mittelfristige und kurzfristige Planung

Für die Planung sollten Sie daher einerseits betrachten, was Ihre Kunden kurzfristig verlangen, andererseits aber unbedingt auch Trends beobachten und zukünftige Entwicklungen abschätzen. Sie sollten ihre Vorstellung vom jährlichen Umsatz beachten und festlegen, wo Sie sich in den nächsten Jahren als erfolgreicher Direktvermarkter sehen. Für diese strukturierte Gesamtplanung ist daher eine langfristige, mittelfristige und kurzfristige Planung des Hofladens unerlässlich. Notieren Sie sich Ihre Ziele als schriftlich in ihren Geschäftsplan. sie sind der wichtigste Teil in diesem. Ihre Gedanken können Sie mit einem freien Brainstorming zum Fließen bringen und dann in einer strukturierten Auflistung festhalten. Der Entschluss, Produkte direkt zu vermarkten, ist mit hohen Anforderungen an Koordination und Planungsaktivitäten verbunden.

Langfristige Planung (5–7 Jahre)

Die langfristige Planung orientiert sich an den Kernkompetenzen und den Hauptprodukten Ihres Betriebes. Sie sollen festhalten, wie diese Produktlinien ausgebaut, beibehalten oder verändert werden können. Finden Sie dazu Antworten auf folgende Fragen:

- Wie entwickelt sich Ihr Betrieb in den nächsten Jahren (Stallungen, Obstplantagen)?
- Mit welchen Gesetzen und Verordnungen ist zu rechnen?
- Gibt es eine Übernahme des Betriebes durch nachfolgende Generationen?
- Gibt es Planungen für neue Verkehrsanbindungen?

Mittelfristige Planung (2–3 Jahre)
Mittelfristige Planungen orientieren sich an Markttrends. Diese Planungen sollten für Hoffeste, Zusammenarbeit mit Gastronomen oder anderen Geschäftspartnern erstellt werden. Ihre Partner erwarten einen modernen Auftritt. Erfolgreiche Konzepte können Sie dann später in die langfristige Planung einbeziehen.
- Werden noch weitere Verkaufsstellen akquiriert?
- Wie ist die wirtschaftliche Situation, Preispolitik im Hofladen?
- Sind Veranstaltungen in der nächsten Zeit geplant? Hoffeste?

Kurzfristige Planung (bis 1 Jahr)
Kurzfristige Planungen sind Aktionen, die innerhalb von zwei bis 6 Monaten umgesetzt werden können, keine hohen Investitionen benötigen und ggf. nach einer entsprechenden Zeit wieder vom Markt genommen werden können. Aus diesen kurzfristigen Planungen können sich später Marktbereiche ergeben, die als generelles Konzept in weitere Planungen übernommen werden können:
- Welche aktuellen Trendprodukte sollen ins Angebot genommen werden?
- Welche Saisonprodukte gibt es zurzeit?
- Gibt es kurzfristige Aktionen (Märkte, Veranstaltungen), an denen Sie teilnehmen können?

2.2 Gründung, Bestand und Wachstum des Hofladens

Die Planung und das Einrichten des Verkaufsraumes sind wichtige Schritte bei der Gründung eines Hofladens. Für ein erfolgreiches Bestehen und gesundes Wachstum ist es wichtig, die Attraktivität des Hofladens zu halten und zu steigern. So sollten Sie in Ihrem Angebot immer einen entsprechenden Wiedererkennungswert für Ihre Kunden und eine Linientreue präsentieren. Sie sollten ein langfristiges Konzept aufstellen. Informieren Sie sich regelmäßig über aktuelle Trends, Angebote und Vermarktungsstrategien. Halten Sie sich unbedingt über bestehende und zukünftige Regelungen und Verordnungen auf dem Laufenden. Beobachten Sie außerdem andere Hofläden. Das bringt Ihnen ein klares Bild über Ihre Mitbewerber, und Sie finden schneller Lösungsansätze für Ihre persönliche Vermarktungsstrategie.

Das Angebot Ihres Hofladens hinterlässt bei Ihren Kunden einen ersten und bleibenden Eindruck. Abhängig von diesem ersten Eindruck wird der Kunde entscheiden, ob er sie als „seinen Hofladen“ akzeptiert. Arbeiten Sie deshalb vom ersten Tag an mit Ihrem Angebot an Ihrem langfristigen Erfolg. Gute Adressen verbreiten sich durch Mundpropaganda sehr schnell, schlechte allerdings auch – nur schneller.

2.3 Ziele formulieren und Chancen erkennen

Erstellen Sie sich eine Übersicht über Ihre Möglichkeiten, Ihren Hofladen auf- und auszubauen. Sie legen damit nicht nur eine Ist-Diagnose und die Ziele Ihres Hofladens fest, sondern erkennen auch neue Möglichkeiten und Chancen am Markt, die Sie persönlich nutzen können. Beantworten Sie sich dazu einige Fragen:

- Welche Produkte erzeuge ich zurzeit in meinem Betrieb?
- Welche dieser Produkte kann ich direkt vermarkten?
- Welche Produkte kann ich selbst noch weiter veredeln?
- Kann ich meinen Hofladen direkt in meinem Hof einrichten?
- Kann ich zusätzliche Dienstleistungen anbieten?
- Kann ich Seminare über meine Produkte anbieten?
- Wie entwickeln sich die Preise?
- Welche Vertriebswege sind möglich?
- Wie verändert sich der Markt (Wachstum, Stagnation, Schrumpfung)?
- Wie ist die Einstellung der Käufer zu den Produkten?
- Welche Zulassungen, Voraussetzungen und gesetzliche Bestimmungen gibt es?

Vielleicht werden Sie nicht alle Fragen beantworten können, aber Sie sollten sich über Ihre Ausgangssituation und Ihre Ziele im Klaren sein, bevor Sie mit dem Aufbau des Hofladens starten.

2.4 Der Geschäftsplan

Nutzen Sie die Möglichkeit, eine komplette Hofladenplanung zu machen. Halten Sie dazu alles in einem Geschäftsplan fest. Viele von Ihnen führen bereits Buch über die tägliche Arbeit im Betrieb. Damit schaffen Sie sich einen Überblick und sammeln Erfahrungen, die Sie für den Erfolg Ihres Unternehmens benötigen. Wenden Sie dieses System auch in einem Geschäftsplan für Ihren Hofladen an. Er enthält alle wichtigen Details, die für den erfolgreichen Auf- und Ausbau des Hofladens wichtig sind. Wer sich heute ohne genaue Vorstellungen für die Selbstvermarktung entscheidet, beschreitet einen steinigen Weg. Je genauer Sie Ihre Planung machen, desto leichter wird Ihnen die Umsetzung fallen. Machen Sie sich ein eigenes Konzept, das Sie schrittweise umsetzen. Bewerben Sie Ihren Hofladen richtig und bauen Sie sich ein Kundenpotenzial auf, bevor Sie unnötig viel Geld in einen tollen Laden stecken, der von keinem Kunden besucht wird. Sie stellen Ihr Licht ja auch nicht unter den Scheffel. (→ *Checkliste Geschäftsplan*, S. 20).

Für die Ausarbeitung des Geschäftsplans sind folgende Vorbereitungen zu treffen:

- Eine Übersicht über die bestehende betriebliche Situation.
- Beachtung der baulichen Maßnahmen, die für den Hofladen notwendig sind.

- Eine Übersicht über die eigenen Erzeugnisse und das Zusatzangebot.
- Verkehrsanbindung (Straßennähe, Erreichbarkeit des Hofladens).
- Persönliche Stärken und Schwächen im Umgang mit schwierigen Kunden.
- Erweiterungsmöglichkeiten des Hofladens.

Konkrete Angaben im Geschäftsplan
Erstellen Sie den Geschäftsplan so detailliert wie möglich. Notieren Sie keine Wunschträume, sondern realisierbare Konzepte. Der Geschäftsplan ist nichts anderes als eine Zusammenstellung von Faktoren, die Ihre Person, Ihren Betrieb, Ihren Hofladen und Ihre Kunden betreffen. Sehen Sie diese Zusammenhänge nicht einzeln, sondern im Verbund. Ändert sich Ihr Angebot, werden sich auch die Kundenwünsche ändern. Haben Sie eine freundliche Ausstrahlung, wird sich das auch im Umsatz bemerkbar machen. Ändern Sie einen dieser Faktoren, dann wird sich auch der Betrieb ändern. Halten Sie sich diese Tatsache vor Augen, allzu oft herrscht noch das Vorurteil, dass der Betrieb die einzige Größe in diesem System ist. Planen Sie deshalb Ihren Hofladen von Anfang an, und Sie werden staunen, welche Talente und Fähigkeiten währenddessen zum Vorschein kommen.

Ein guter Geschäftsplan sollte Folgendes beinhalten:
- **Klare Analyse Ihrer Situation**
  Alle Informationen sollen im Geschäftsplan sorgfältig zusammengetragen und kurz beschrieben sein. Je klarer die Aussagen sind, desto hilfreicher ist es für Ihre Planung.
- **Aussagekräftige kurze Sätze und Definitionen**
  Vermeiden Sie im Geschäftsplan die Worte wie „vielleicht“, „aber“ oder „eigentlich“. Diese verleiten Sie schon während der Planung zu einer gewissen Schwammigkeit, die die Grundlage jeden Scheiterns ist.
- **Klare Strukturen**
  Auch wenn es manchmal schwer fällt, greifbare Informationen zu beschaffen: Gerade diese Punkte sind es, die Ihnen bei der Umsetzung durch ungenügende Planung Schwierigkeiten bereiten können. Daher sollen alle wichtigen Schritte in der Planung, als auch Plan B im Geschäftsplan klar besetzt sein, um eine möglichst vollständige Einschätzung der auftretenden Risiken zu bekommen.
- **Hilfe in Anspruch nehmen**
  Suchen Sie sich für die Ausarbeitung Unterstützung, die Ihnen bei der Planung hilft und auch kritische Fragen stellt. Das ist deshalb so wichtig, weil das eigene Vorhaben meist durch die rosarote Brille betrachtet wird und dadurch die Realität verzerrt werden kann. Damit schaffen Sie sich keine Hilfe. Lassen Sie andere mitplanen: Außenstehende können die Situation neutral bewerten.

- **Punkt für Punkt auf Machbarkeit und „Plan B“ checken**
  Jeder Bereich sollte durch den Geschäftsplan abgedeckt sein. Zum einen durch eine entsprechende Planung und wenn möglich auch durch einen „Plan B“. Das erleichtert bei Schwierigkeiten unnötige Verzögerungen im Projektplan. Zudem verschafft es Ihnen bei der Umsetzung einen Mehrwert durch zusätzliche Optionen.
- **Adressen, Ansprechpartner, Akteure nennen**
  Welche Ansprechpartner haben Sie für die Kreditvergabe, die Planung des Verkaufsraums, die Zulieferer, die Mitarbeiter, die Hofladenausstattung?
  Welche konkreten Ansprechpartner sind bis zur Eröffnung des Hofladens zu kontaktieren: Behörden, Banken, Werbepartner, Planer, Baufirmen, Zulieferer für Ausstattung und Produkte?
- **Führen Sie Buch über Planungen und ausgeführte Arbeiten**
  Viele von Ihnen führen bereits Buch über die tägliche Arbeit. Führen Sie auch Buch über die Arbeiten in Ihrem Hofladen-Projekt. Damit schaffen Sie sich einen Überblick über Ihre Arbeitsauslastung und die Ihrer Mitarbeiter. Das sind wichtige Erfahrungswerte, die Sie für die Einhaltung des Planungszeitraums Ihres Hofladens benötigen.
- **Detailplanung beachten**
  Je genauer Sie planen, desto leichter fällt die Umsetzung. Je detaillierter Sie Ihr Konzept erstellen, desto besser können Sie es Schritt für Schritt umsetzen. Viele Betriebe lassen sich von der „scheinbar problemlosen„ Vermarktung der eigenen Erzeugnisse blenden, ohne Fallstricke und Schwierigkeiten zu kennen.

Beispiele für konkrete Angaben im Geschäftsplan:
- Angebot zur Teilnahme am Wochenmarkt, donnerstags von 8.00 bis 12.00 Uhr in Neustadt.
- Zwei bis drei Arbeitskräfte, die montags bis samstags zur Verfügung stehen.
- Kartoffeln in 25 kg-, 12 kg- und 5 kg-Beuteln.
- Zwiebeln lose und in 12,5 kg-, 5 kg-, 2,5 kg- und 1 kg-Beuteln.
- Werbeanzeige 45 mm × 9 mm monatlich im Amtsblatt schalten.
- Verkaufsraum 90 m² mit Seitenraum 20 m².
- Hoffest am 22./23. September im eigenen Hof.

Qualität ist das A und O der Direktvermarktung
- **Konzentrieren Sie sich auf kontinuierlich hohe Qualität Ihrer Produkte:**
  Qualitativ hochwertige Produkte zeichnen sich durch Geschmack, Konsistenz und Farbe aus. Oft sehen die Kunden diese Qualität in vollem Umfang nicht sofort. Informieren Sie Ihre Kundschaft über die wichtigen Qualitätsparameter Ihrer Produkte. Sie werden

Wie ist Ihre betriebliche Situation?

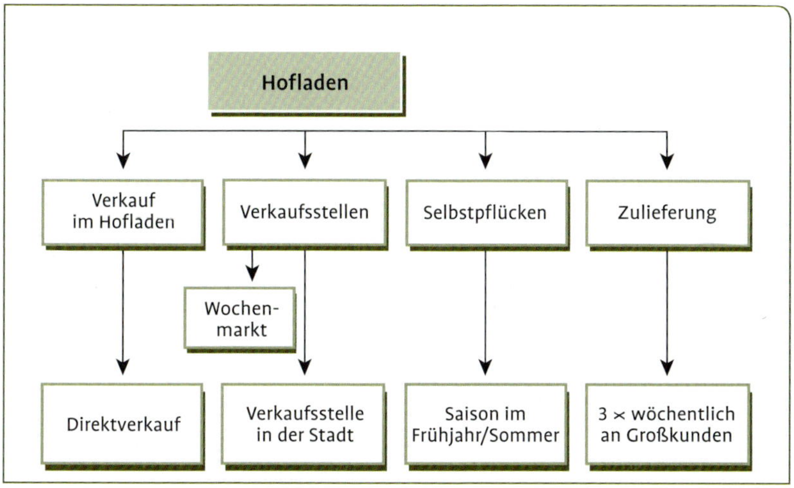

sehen: Viele Kunden wissen nur einen Bruchteil der interessanten Fakten über ihre täglichen Lebensmittel. Sie erwarten Aufklärung und das zeichnet Sie als Hofladenbesitzer aus.

- **Qualität vor Quantität!**
  Es hat keinen Sinn, von Anfang an einen Tante-Emma-Laden zu etablieren. Wenn Ihre Produktion sich auf Obst beschränkt, sollten Sie dieses Produkt sowie die daraus veredelten Produktlinien in den Vordergrund stellen. Ihr Angebot können Sie nach und nach erweitern.
- **Überprüfen Sie selbst streng die Qualität ihrer gesamten Handelsware!**
  Überprüfen Sie zugelieferte Waren bei der Anlieferung. Für die Kunden stehen Sie für Ihr gesamtes Sortiment in der Verantwortung. Bei Qualitätsmängeln ist eine Schuldzuweisung an Dritte nur in den wenigsten Fällen akzeptabel.

Wichtig bei der Planung des Hofladens
Wenn Sie Ihre Erzugnisse im eigenen Hofladen verkaufen möchten, müssen Sie an Ihre Produktion hohe Anforderungen stellen und diese auch erfüllen. Sobald die Qualität Ihrer Produkte nachlässt, wird der Kunde das sehr schnell merken und zur Konkurrenz abwandern. Neben der Qualität als Hauptkriterium ist es wichtig, dass Ihre Produktions- und Wertschöpfungskette reibungslos funktioniert und Sie kritische Abläufe im Blick haben.

Je besser Sie mit den Instrumenten des Hofladens-Managements umgehen können, desto erfolgreicher werden Sie sein. Erstellen Sie sich daher eine Übersicht über potenzielle Vermarktungsmöglichkeiten, Marketingstrategien und Strategien zur Qualitätssicherung Ihrer Produkte. Schulen Sie auch Ihr Personal in diesen Bereichen. Kompetentes Personal zeichnet Sie und Ihren Hofladen aus.

Checkliste Geschäftsplan

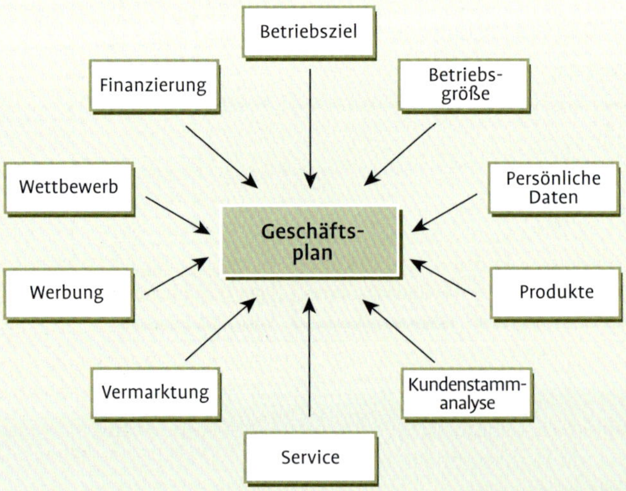

In Ihrem Geschäftsplan sollten Sie alle Faktoren beachten, die ihren Erfolg beeinflussen.

Betriebsziel
- Was möchten Sie genau verkaufen?
- Zusammenfassung einer besonderen Idee zur Vermarktung.

Betriebsgröße
- Wie groß ist Ihr Betrieb?
- Wie viel Anbaufläche können Sie für den Anbau von Produkten für die Direktvermarktung nutzen?
- Wie viel Arbeitskräfte stehen zur Verfügung?
- Welche Räumlichkeiten können Sie nutzen?

Persönliche Daten
- Welche Erfahrungen und Fachkenntnisse haben Sie?
- Was sind Ihre Stärken und Schwächen?
- Wie können Sie Ihre Stärken einsetzen?
- Wie können Sie Schwächen überbrücken?
- Wie viel Zeit können Sie in den Aufbau des Hofladens investieren?

Produkte
- Welche Produkte können Sie selbst produzieren?
- Welche Produkte müssen Sie zukaufen?
- Welche Produkte können Sie noch veredeln?
- Was sind Ihre Nischenprodukte?
- Welche Produkte passen noch in Ihr Sortiment?

Kundenstamm-Analyse
- Charakterisieren Sie die Kunden, die zu Ihnen kommen.
- Charakterisieren Sie die Kunden, von denen Sie möchten, dass Sie zu Ihnen kommen.
- Für welche Kunden sind Ihre Produkte gedacht?
- Aus welchem Umkreis kommen Ihre Kunden?
- Wie kommen Ihre Kunden zu Ihnen?
- Wie oft kommen die Kunden?

Service
- Welchen Service bieten Sie Ihren Kunden?
- Welche Vorteile haben die Kunden bei Ihnen?
- Welche Dienstleistungen bieten Sie an?

Vermarktung
- Welche Vertriebswege nutzen Sie?
- Welche Vertriebswege können Sie noch nutzen?
- In welcher Form können die Kunden bezahlen (Barzahlung, Kartenzahlung)?
- Gibt es Rabattsysteme, Vergünstigungen, clevere Verkaufsmöglichkeiten?
- Können Sie überregional vermarkten?

Werbung
- Welche Werbemedien gibt es in Ihrer Umgebung (z. B. Amtsblatt, Tageszeitung)?
- Wie sieht Ihre Werbevorplanung aus?
- Wo können Sie potenzielle Kunden erreichen?
- Wie machen Hofläden ihre Werbung, die ähnliche Produkte verkaufen?
- Gibt es eine clevere Werbeidee für Ihre Produkte?

Wettbewerb
- Wer sind Ihre direkten Wettbewerber?
- Welche weiteren Wettbewerber gibt es?
- In welchem Umkreis befinden sich Ihre Wettbewerber?
- Welche Produkte bieten sie an?
- Welche Kunden haben sie?
- Wie innovativ sind Ihre Wettbewerber?
- Mit wem können Sie kooperieren?

Was bieten Sie Ihren Kunden im Gegensatz zu Ihrer Konkurrenz in Bezug auf
- Preise?
- Qualität?
- Service?
- Lage?
- Freundlichkeit?
- Sortiment?

Wichtige Finanz- und Umsatzdaten
- Welche Kosten entstehen im Hofladen (fix/variabel)?
- Gibt es Miet- oder Pachtkosten?
- Wie sieht es mit der Kapitalbeschaffung aus?
- Müssen Sie zusätzlich Personal bezahlen?
- Mit welchen Umsätzen rechnen Sie?
- Wie sieht Ihre Umsatzplanung für die nächsten Monate aus?
- Wie sieht Ihre Planung für die nächsten drei Jahre aus?

2.5 Standortanalyse

Wer einen Hofladen außerhalb seines Betriebes plant, sollte eine Standortanalyse machen. Hier fließen viele Daten ein, die letztendlich dafür ausschlaggebend sind, ob sich der Standort rechnet oder nicht.

Die Nähe zu Ihren Kunden

- Wie gut sind Sie für Ihre Kunden erreichbar?
- Müssen Ihre Kunden mit dem Wagen anfahren oder kann man Sie auch zu Fuß erreichen?

Die Verkehrslage

- Liegt Ihr Betrieb an einer stark befahrenen Straße oder in einer verkehrsberuhigten Zone?
- Sind Sie in einem Wohnviertel angesiedelt oder in einem Kurviertel?
- Gibt es noch andere Betriebe in Ihrer Nähe?
- Gibt es in Ihrer Nähe auch andere Geschäfte, die für Sie potenzielle Kunden bieten?

Parkplatzsituation

- Können die Kunden vor Ihrem Haus parken?
- Sind Parkplätze im Hof vorhanden?
- Müssen die Kunden einige Meter zu Fuß zurücklegen?
- Kosten die Parkplätze Geld oder ist freies Parken erlaubt?

Konkurrenzsituation

- Gibt es Hofläden in Ihrer Umgebung?
- Was bieten diese Betriebe an?
- Handelt es sich um kleinere oder größere Geschäfte?
- Bieten Sie etwas, das die anderen nicht bieten?

Kosten

- Wie hoch sind die monatlichen Kosten für die Miete?
- Wie hoch sind die Energiekosten?
- Wie hoch sind die Lebenshaltungskosten oder das allgemeine Preisniveau?

Erweiterungsmöglichkeiten

- Können Sie nur eine relativ kleine Fläche nutzen?
- Haben Sie Ausweichmöglichkeiten für Erweiterungen?

Einzugsgebiet

- Wie groß ist Ihr Einzugsgebiet?
- Können alle Kunden Sie bequem erreichen?

- Wie viele Einwohner hat der Ort, die Gemeinde, die Stadt?
- Wie ist die Kaufkraft in Ihrem Umfeld?

Akzeptanz
- Kennen die Kunden die Qualität Ihres Angebotes bereits?
- Welchen Bekanntheitsgrad haben Sie in der Umgebung?
- Haben schon andere Ihre Ideen realisiert?

Kundenstruktur
- Gibt es bei Ihnen viel Laufkundschaft?
- Haben Sie überwiegend Stammkunden?
- Sind sie in der Nähe eines Touristenzentrums?

Wie sehen Ihre Verkaufsräume aus?
Haben Sie passende Räumlichkeiten gefunden, sollten Sie sie nach unterschiedlichen Kriterien beurteilen:
- Ist das Gebäude in gutem Zustand?
- Sind Malerarbeiten notwendig?
- Ist eine äußere Umgestaltung notwendig?
- Ist das Umfeld für Ihre Tätigkeit passend?
- Wie ist der Zustand der Wasserleitungen, Elektrizität, Gas etc.?
- Wie sieht es mit einem Mietvertrag aus?
- Dürfen Sie Umbaumaßnahmen vornehmen?
- Wie hoch sind die Räume?
- Gibt es gute Be- und Entlüftungsmöglichkeiten?
- Ist der Raum angenehm belichtet?
- Sind sanitäre Anlagen vorhanden oder können welche eingebaut werden?

2.6 Strategieplanung

Haben Sie sich schon über Strategien Gedanken gemacht? Dieses Werkzeug ist nicht nur etwas für Unternehmensberater und Führungskräfte im Management, sondern dient gerade in der Vermarktung neuer Produkte als Impulsgeber, um als Erster neue Märkte zu erobern oder sich durch elegante Positionierung an die Spitze zu bringen.

Strategie ist die Planung eines Weges, der Ihre langfristigen Ziele anvisiert und Sie durch elegantes Manövrieren als Ersten ans Ziel bringt.

Strategieplanung am Beispiel eines Kräuterlikörs
Stellen Sie sich vor, Sie möchten in Ihrem Hofladen einen Kräuterlikör vertreiben. Also kreieren Sie einen Likör, der Ihnen schmeckt.

Schritt 1 – Produktentwicklung: Auf jeden Fall sollten Sie einige Personen hinzuziehen, die den Likör probieren und ihr ehrliches Urteil darüber abgeben. Dann laufen Sie nicht Gefahr, dass der Likör nur Ihnen schmeckt und deshalb nicht verkauft wird. Natürlich gibt es jede Menge gegensätzlicher Meinungen: zu süß, zu bitter, zu aromatisch, zu schwach im Geschmack usw. Jetzt sind Sie an der Reihe, aus allen möglichen Meinungen ein neues Produkt zu kreieren. Lassen Sie den neu entwickelten Likör ein zweites Mal und vielleicht ein drittes Mal probieren. Es wird in den meisten Fällen so sein, dass immer mehr Meinungen übereinstimmen. Bei der Produktentwicklung kommt es darauf an, innovativ zu sein. Betreiben Sie eine gründliche Marktforschung, die Ihnen eine Übersicht darüber verschafft, welches Verkaufspotenzial Ihr Produkt in Ihrer Region hat.

Schritt 2 – Der Produktname: Das Produkt ist jetzt fertig. Jetzt fehlt noch ein Name. Natürlich können Sie Ihren Kräuterlikör „Meiers Kräuterlikör" nennen. Damit machen Sie sich alle Ehre, aber meist interessieren sich die Kunden recht wenig für diesen Namen. Neue Ideen für einen Produktnamen können Sie bekommen, wenn Sie sich überlegen, welche Attraktivität es in Ihrer Region gibt, was das Besondere an Ihrer Gegend oder Ihrem Ort ist oder ob aus Ihrer Heimat eine große Persönlichkeit stammt. Gibt es eine bekannte Sage oder ein berühmtes Denkmal? Eine Festivität, die für einen großen Umkreis attraktiv ist? Suchen Sie sich etwas aus, das schon einen Namen hat. Damit machen Sie Ihren Kräuterlikör zu einem Imageprodukt. Wenn Sie ihn geschickt in der Region bewerben, wird er sich in die Palette der Repräsentationspräsente einreihen. Eine 600 Jahre alte Tradition ist zum Beispiel die Geißbockversteigerung im Weindorf Deidesheim in der Pfalz. Hier wurde ein Geißbocklikör kreiert.

Schritt 3 – Vertriebswege: Wägen Sie ab, welche Potenziale Ihr neu entwickeltes Produkt hat. Wie viele potenzielle Kunden gibt es in Ihrer Region? Wer könnte dieses Produkt in das Sortiment aufnehmen? Welche Möglichkeiten haben Sie selbst, das Produkt zu vertreiben?

Schritt 4 – Patentschutz: Lassen Sie sich den Produktnamen schützen, bevor Sie ihn bekannt geben. Die Rechte an der Herstellung eines Produktes sind oft mehr wert, als das Produkt selbst. Viele erfolgreiche Unternehmer sind nicht deshalb erfolgreich, weil sie viele Produkte verkaufen, sondern weil sie die Rechte an den Produkten haben. Rechte geben Ihnen Sicherheit beim Vertrieb Ihres Produktes. Suchen Sie dazu einen Patentanwalt in Ihrer Region auf. Er berät sie in allen Fragen der Rechtssicherheit und recherchiert für Sie, ob es den gewünschten Produktnamen bereits gibt. Er klärt Sie auch auf, wie es sich mit den unterschiedlichen Namen der Örtlichkeiten, Fantasienamen u.Ä. verhält. Damit sind Sie auf jeden Fall auf der sicheren Seite.

Schritt 5 – Marketing: Wenn Sie Ihr Produkt patentiert haben, können Sie damit getrost an die Öffentlichkeit gehen. Nutzen Sie, wenn möglich, ein paar persönliche Kontakte, um auf Ihr Produkt hinzuweisen oder es zu bewerben, so zum Beispiel öffentliche Stellen, Bürgermeisteramt, Tourismusbüro, Fremdenverkehrsamt, Gastgeber, Gaststätten, Hotels, Unternehmen, etc. Damit sind Sie nicht mehr alleine und können besser agieren. Es wird nun auch nicht mehr lange dauern, bis sich die Presse für Ihr Produkt interessiert – nicht weil es ein Kräuterlikör ist, sondern weil er einen besonderen Namen hat – und noch dazu gut schmeckt.

Die Strategieplanung am Beispiel eines Kräuterlikörs zeigt, wie Sie ein Produkt am Markt platzieren können. Es ist eine von vielen Möglichkeiten, Marketing, PR und eine Portion Cleverness zu einem erfolgreichen Produkt zu vereinen. Wenn Sie Ideen haben, gibt es auch Wege, diese gezielt zu vermarkten. Es gehört immer auch ein bisschen Mut und Courage dazu – und geben Sie dem Kind den richtigen Namen!

2.7 Erreichte Ziele – verdiente Belohnung

Gönnen Sie sich Belohnungen. Für Ihre erreichten Ziele haben Sie sich das verdient. Belohnungen spornen an und signalisieren die Erfüllung einer Aufgabe. Gönnen Sie sich jetzt einen Besuch in der Oper, eine Stereoanlage oder einen Urlaub. Belohnungen sind weitaus mehr als nur wohlverdiente Geschenke, sondern sie sind das Zeichen eines Ergebnisses und der Beginn neuer Herausforderungen. Darüber hinaus stärken sie das Selbstbewusstsein. Ordnen Sie diese Belohnungen schon vorher ganz klar den Aufgaben zu.

So könnte Ihr Belohnungsplan aussehen: Aufbau des Hofladens, zur Belohnung Opernkarten, Hoffest abgeschlossen, zur Belohnung ein Kurzurlaub im Schwarzwald, Umsatz um 10% gesteigert, zur Belohnung eine Musikanlage. Belohnen Sie sich und Sie werden feststellen, dass Sie Ihre Arbeit leichter und motivierter erledigen.

3 Innovationen im Hofladen

In den letzten Jahren haben sich Hofläden durch individuelle Entwicklungen etabliert. Um für Kunden attraktiv und modern aufzutreten, sollten Sie Innovationen einsetzen. Jeder Betrieb, der eine eigene Unternehmenskultur entwickelt, wird durch Individualität am Markt bestehen.

Dazu sind Visionen notwendig. Visionen sind die Grundlage für neue Produkte, die noch einen Schritt weitergehen als nur neue Ideen: Visionen definieren einen festen Weg in der Zukunft, in den die Ideen eingegliedert werden.

Von der Idee zum Alleinstellungsmerkmal

Ihre Ideen und Visionen stehen im Zentrum der Vermarktung, denn sie sind die Grundlage für neue Produkte. Viele Betriebe gehen heute in Konkurs, weil sie von Ideen und Visionen nichts wissen möchten. Doch gute Ideen machen sich in jeder Branche bezahlt. Jeder Mensch hat Visionen, die Frage ist nur, was er damit anstellt! Wenn Sie in einer konservativen Umgebung von Visionen sprechen, passiert es häufig, dass diese schnell als Illusionen verworfen werden. Lassen Sie sich nicht beirren und halten Sie an Ihren Ideen fest. Vielleicht können Sie sie diese heute nicht verwirklichen, aber Sie sollten sie auf alle Fälle aufschreiben. Über viele Ideen, die heute aktuell sind, wurde früher gelacht (z. B. Trockenblumen, Baby-Beef, Apfelchips, Heubetten).

Erfolgreiche Betriebe leben davon, Ideen zu haben, diese mit Durchhaltevermögen umzusetzen und dabei den Bezug zur Realität nicht zu verlieren. Wenn diese Faktoren stimmen, verfügen Sie über die besten Voraussetzungen, einen umsatzträchtigen Hofladen aufzubauen.

Prüfen Sie anhand einiger Kriterien, ob die Umsetzung Ihrer Ideen Erfolg versprechend ist. Gute Ideen müssen

- eine Veränderung gegenüber dem bisherigen aufweisen,
- gut umsetzbar sein, das heißt die Ressourcen des Betriebes müssen genutzt werden können,
- einen Vorteil für die Kunden bringen,
- einen Vorteil für Sie bringen,
- finanzierbar sein.

3.1 Methoden zur Ideenfindung

Ideen kommen spontan oder durch Konfrontation mit einem Problem. Vertrauen Sie auf Ihre kreative Ader und stellen Sie sich ein paar Fragen:

- Können Sie traditionelle Produkte originell verpacken (z. B. Apfelsaft in 5- oder 10-Liter-Boxen)?
- Gibt es Trends, zu denen eines Ihrer Produkte passt (z. B. Wellness, gesundheitsbewusste Ernährung)?
- Gibt es neue Namen oder Bezeichnungen für ein altbewährtes Produkt (z. B. Vitaminsnack)?
- Kann durch neue Verfahren aus Urprodukten ein völlig neues Produkt geschaffen werden (z. B. Apfelchips)?
- Gibt es alte Rezepte, die lang vergessenen Produkten wieder neues Leben bescheren (z. B. Gummibärchen aus Rhabarbersaft)?
- Gibt es andere Branchen, zu denen eines Ihrer Produkte passt (z. B. Nüsse zu Büchern: „Das Universum in der Nussschale“ von Stephen Hawking)?

Brainstorming

Brainstorming ist die am meisten genutzte Variante, um Assoziationen zu sammeln. Beim Brainstorming werden Ideen, Vorstellungen und Schlagworte, ungeachtet der Wichtigkeit oder Priorität notiert. Alle Begriffe werden schriftlich festgehalten. Später wird diese Liste sortiert und mit Oberbegriffen und Prioritätsstufen versehen. Unwichtige Definitionen werden verworfen, nachträgliche Ergänzungen und zusätzliche Ideen hinzugefügt.

Brainstorming

Was fällt Ihnen zu dem Thema „Äpfel“ ein?

Schlagworte:		verwendbar als:
Vitamine	→	Schlagwort im Marketing
Apfelsaft	→	Produkt
Apfelschäler	→	Handelsware
knackig	→	Schlagwort in Werbung
frisch	→	Schlagwort in Werbung
saftig	→	Schlagwort in Werbung
Apfelkuchen	→	Rezept (Service)
Apfelwein	→	Produkt

Im Brainstorming werden Begriffe gesammelt und die brauchbaren Schlagworte ausgewählt.

Freewriting
Freewriting ist eine weitere Form, um Assoziationen zu sammeln. Hier aktivieren Sie Ihren „inneren Schreibgeist“. Im Gegensatz zum Brainstorming ist hier der Faktor Zeit entscheidend. Schreiben Sie innerhalb einer bestimmten Zeit (z. B. eine, fünf oder zehn Minuten) Begriffe, Sätze, Halbsätze zum Thema auf. Lassen Sie Ihren Gedanken freien Lauf. Danach werden die Notizen ebenfalls wie beim Brainstorming sortiert und durch Überbegriffe ergänzt. Beginnen Sie mit einem Produkt (z. B. Rindfleisch, Äpfel, Käse) und assoziieren Sie dazu die Dinge, die Ihnen einfallen.

Clustering
Clustering unterscheidet sich systematisch von den beiden vorangegangenen Möglichkeiten. Hier werden neue Begriffe als Assoziation von bereits vorhandenen Begriffen notiert. Der zentrale Themenbegriff wird in die Mitte des Blattes geschrieben und daraus immer neue Begriffe assoziiert. So lagern sich verschiedene Ebenen von Begriffen um den Kern an, und ständig ergänzen Sie zu den bereits angelagerten Begriffen weitere Assoziationen und vergrößern damit das Cluster. Anschließend verfahren Sie wie beim Brainstorming und beim Freewriting.

3.2 Kritische Faktoren bei der Umsetzung

Sie haben es bei jedem neuen Projekt, das Sie angehen, mit einer komplexen Aufgabe zu tun, sei es beim Bau eines Hofladens, bei der Etablierung eines neuen Produktes oder der Vorbereitung eines Hoffestes. Diese Aufgabe wird durch drei Faktoren begrenzt: den kritischen Zeitfaktor, den kritischen Qualitätsfaktor und den kritischen Kostenfaktor.

Welcher dieser Faktoren nun die höchste Priorität hat, ist von Ihnen und der jeweiligen Aufgabe abhängig. Für den Aufbau einer saisonal eingesetzten Anlage, zum Beispiel einer Verarbeitungsmaschine für Spargel, wird der Zeitfaktor eine große Rolle spielen. Für die Ausstattung eines Hofladens wird der Qualitätsfaktor wichtig sein und für den Einkauf von Baumaterialien der Kostenfaktor bedeutend. Das heißt aber nicht, dass die anderen beiden Faktoren unwichtig wären, sondern nur, dass sie eine winzige Spur zurückstehen, aber dennoch sehr wichtig sind.

3.3 Markenschutz beim Patentamt

Wenn Sie eine Idee umgesetzt haben und als Marke schützen lassen wollen, können Sie das beim Deutschen Patentamt tun. Eine Marke ist ein Zeichen, das Waren oder Dienstleistungen eines Betriebes von denen eines anderen unterscheidet, die Produkte also ganz individuell charakterisiert. Vor allem in großen Unternehmen wird der

Beim Freewriting werden aus Sätzen und Halbsätzen wichtige Begriffe entnommen.

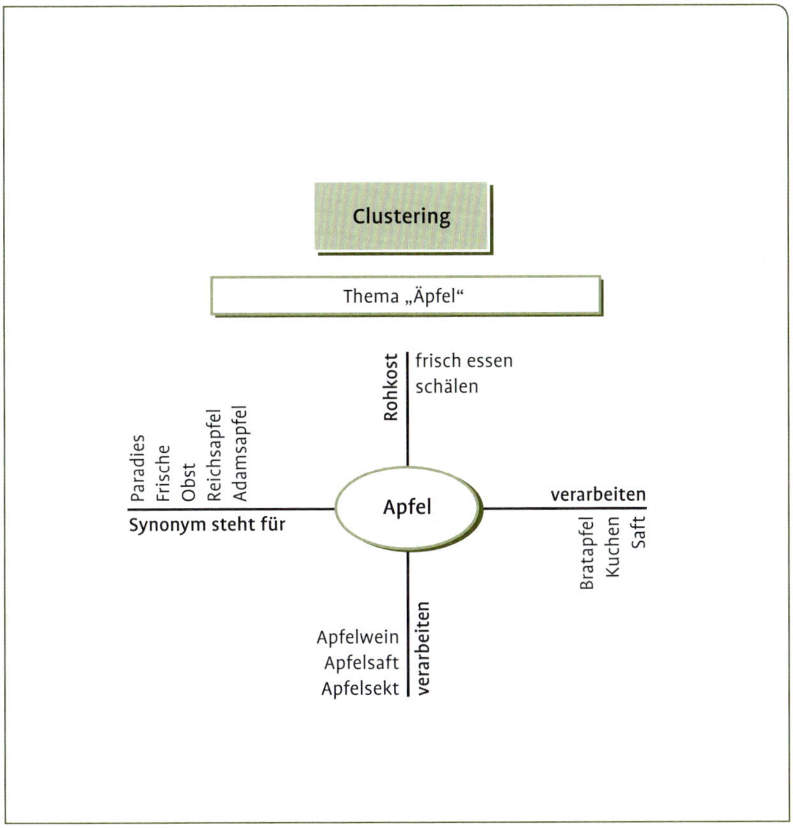

Beim Clustering werden zu Schlagworten passende Unterbegriffe gesammelt.

Checkliste Ideen und Innovation
Diese Checkliste soll Ihnen helfen, Ihre Ideen klarer zu definieren und Chancen und Risiken gegeneinander abzuwägen:

Die Idee
- Wie lautet Ihre Geschäftsidee?
- Welchen Nutzen hat Ihre Idee?
- Welche Attraktivität hat Ihre Idee?
- Haben die Kunden einen Bezug zu Ihrer Idee?
- Was kostet die Umsetzung?
- Welche Chancen sehen Sie?
- Wo sind die Risiken?

Der Markt
- Gibt es potenzielle Kunden für Ihre Idee?
- Welche Wünsche haben diese Kunden?
- Wie groß schätzen Sie das Marktvolumen?
- Wie erreichen Sie potenzielle Kunden?

Die Konkurrenz
- Gibt es ähnliche Ideen auf dem Markt?
- Wer sind die Konkurrenten?
- Was kosten die Produkte bei der Konkurrenz?
- Welches sind die entscheidenden Vorteile gegenüber den Konkurrenzprodukten?
- Können Sie günstiger anbieten als die Konkurrenz?

Der Standort
- Müssen Sie neue Gebäude erstellen?
- Welche Investitionen sind notwendig?
- Gibt es Lieferengpässe, Lagerprobleme, Platzprobleme, Haltbarkeitsprobleme?

Die Zukunft
- Wie sieht die weitere Entwicklung des Marktes aus?
- Wie wird sich die Nachfrage entwickeln?
- Gibt es vergleichbare Branchen, an denen Sie sich orientieren können?

Produktname hauptsächlich über das Markenzeichen verkauft. Das Markenzeichen erfüllt darüber hinaus die Herkunftsfunktion, die Garantie- und Gütefunktion und die Vertrauensfunktion.

Produktnamen oder Dienstleistungen als Marke registrieren zu lassen, ist ein wichtiges Mittel, um Nachahmungen vorzubeugen. Das Markenrecht gewährt dem Inhaber das ausschließliche Recht, seine Marke zu nutzen und Dritten die Nutzung zu untersagen. Wird dennoch der Markenname widerrechtlich genutzt, können Sie unterschiedliche Ansprüche stellen: Unterlassungsanspruch, Schadenersatzanspruch, Vernichtungsanspruch, Auskunftsanspruch und Beschlagnahme. Diese Ansprüche verjähren aber. Sinnvollerweise sollten Sie solche Ansprüche mit einem Anwalt besprechen.

Zuständig für die Eintragung einer Marke ist das Deutsche Patent- und Markenamt mit Sitz in München. Markenschutz kann auf verschiedene Weise erlangt werden. Markenschutz entsteht durch Eintragung der Marke nach erfolgter Anmeldung. Es gibt auch Schutzhindernisse einer Marke, das heißt, dass eine Marke durch das Patentamt nicht geschützt wird.

Ein absolutes Schutzhindernis liegt vor bei
- fehlender Unterscheidungskraft,
- Zeichen, die ausschließlich aus Angaben über Art, Beschaffenheit, Menge, Bestimmung, Wert, Zeit und Ort der Herstellung bestehen,
- allgemein üblichen Bezeichnungen (z. B. Vaseline),
- täuschenden Angaben über Art, Beschaffenheit oder Herkunft,
- Verstoß gegen die öffentliche Ordnung und die guten Sitten,
- Zeichen, die Hoheitszeichen und Staatssignets etc. enthalten,
- Zeichen, die amtliche Prüf- und Gewährzeichen enthalten,
- Zeichen, deren Benutzung nach sonstigen Vorschriften im öffentlichen Interesse untersagt werden kann.

Leider werden die Begriffe „Ähnlichkeit“ und „Verwechslungsgefahr“ im Gesetz nicht hinreichend definiert. Das heißt, dass eine geschützte Marke durch eine ähnliche Bezeichnung nur in bestimmten Fällen umgangen werden kann und die Marke eigentlich nutzlos ist. Die Schutzdauer einer Marke beträgt zehn Jahre, beginnend am Anmeldetag. Der Inhaber kann jedoch die Schutzdauer beliebig oft um weitere zehn Jahre verlängern lassen. Verlängert er die Schutzdauer nicht, so wird die Marke aus dem Register gelöscht.

4 Hofladenaufbau

4.1 Zonenverkauf und zonenfreier Verkauf

Wenn Sie zu Ihren Kunden einen eher distanzierten Kontakt bevorzugen, dann arbeiten Sie in Ihrem Verkaufsraum mit einer Zoneneinteilung. Haben Sie dagegen lieber direkten Kontakt zu Ihren Kunden, dann wählen Sie ein offenes Verkaufssystem. Je besser der Verkaufsraum auf Ihre Person abgestimmt ist, desto angenehmer ist es für Sie und Ihre Kunden.

Zonenverkauf
Der Zonenverkauf lässt sich in die A-, B- und C-Zone untergliedern. Die **A-Zone** ist die Zone für den Verkäufer. In diesem Bereich stehen Sie, wenn Sie beraten oder verkaufen. Die **B-Zone** ist die Bewegungszone für den Kunden. Sie nimmt im Hofladen meist den größten Teil des Verkaufsraumes ein. Die **C-Zone** kann man auch Bedienungszone nennen und ist meist eine Theke oder eine Kühltheke. Diese Zone trennt die Kunden von dem Bereich ab, in dem Sie stehen und zu dem die Kunden keinen Zutritt haben sollen. Sie können den Kunden von

Verkaufsraum mit Zonen. Das Verkaufspersonal steht in der A-Zone hinter der Theke.

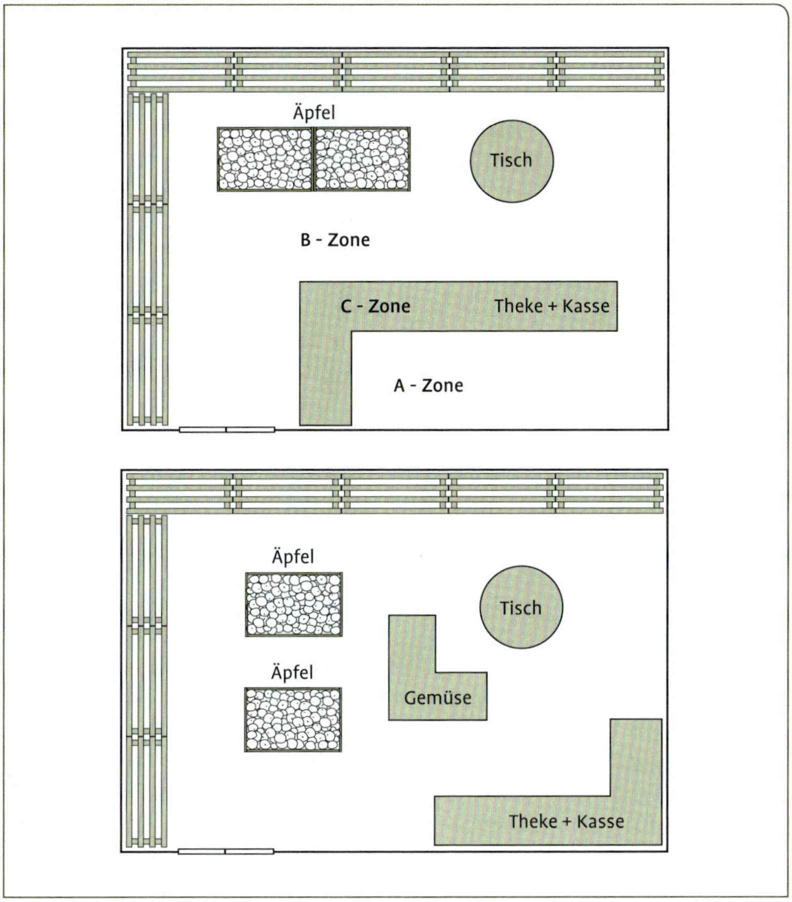

Oben: Beim Zonenverkauf bewegen sich Verkäufer und Kunden in unterschiedlichen Bereichen
Unten: Zonenfreier Verkauf bietet sich für den direkten Kundenkontakt an.

Ihrer Verkäuferzone aus beraten und Hinweise zu den Warenplätzen geben. Von der A-Zone aus können Sie auch auf Lagerware zurückgreifen.

Die Vorteile des Zonenverkaufs liegen darin, dass Sie für Ihren Kunden immer an der Kasse ansprechbar sind. Die Kunden können dort sofort zahlen und müssen nicht warten, bis Sie mit der Beratung an einem anderen Platz fertig sind. Nachteilig ist jedoch, dass die Theke im Zonenverkauf eine „psychologische Schranke“ bildet. Eventuell benötigen Sie zusätzliches Personal zur Bedienung und für die Kasse.

Zonenfreier Verkauf

Zonenfreie Verkaufssysteme eignen sich für Hofladenbetreiber, die den direkten Kontakt zu den Kunden haben möchten. Sie bewegen sich in der gleichen Zone wie die Kunden und können vor Ort beraten und bedienen.

Die Vorteile des zonenfreien Verkaufs liegen darin, dass die Kunden in direktem Kontakt mit Ihnen stehen. Sie können den Kunden an den Waren beraten oder Empfehlungen aussprechen. Der persönliche Kontakt wird von vielen Kunden geschätzt. Nachteilig ist, dass Sie für Kunden am anderen Ende des Verkaufsraumes nicht direkt ansprechbar sind.

4.2 Einteilung des Verkaufsraumes

Die Einteilung und Aufteilung des Verkaufsraums hat unabhängig vom Einrichtungsstil vier Funktionen:
- psychologisch,
- funktionell,
- ästhetisch,
- individuell.

Psychologisch

Die psychologische Einteilung leitet sich davon ab, wie wir uns instinktiv Verhalten, wenn wir einkaufen gehen. Untersuchungen zeigen, dass wir unseren Blick zuerst nach rechts richten und die Regale zwischen Bauch- und Kopfhöhe sofort wahrnehmen. Produkte, die dort platziert sind, haben gute Chancen, oft gekauft zu werden. Produkte, die in engen Gängen stehen laufen Gefahr, einzustauben, nicht nur, weil zu Ihrer Kundschaft auch junge Eltern mit breiten Kinderwägen zählen, sondern auch, weil Kunden enge Gänge unbewusst meiden. Erst unser Bewusstsein lässt uns in diese Gänge abbiegen oder in Regale unterhalb der Bauchhöhe greifen. Wenn wir während der ersten Meter im Geschäft unsere wichtigsten Lebensmittel bereits im Korb haben, ist es eine Frage der Zeit, ob wir uns einen Bummel durch den Laden erlauben oder zur Kasse gehen. Viele Kunden entscheiden sich in diesem Moment, den Weg zur Kasse aufzusuchen und das restliche Angebot nicht wahrzunehmen. Deshalb sollte der Aufbau des Hofladens die Kunden dazu bringen, möglichst viele Produkte zu erfassen:

Ihr Verkaufsraum muss vier Funktionen erfüllen, er soll:
– ästhetisch, psychologisch ansprechend, funktionell und individuell sein.

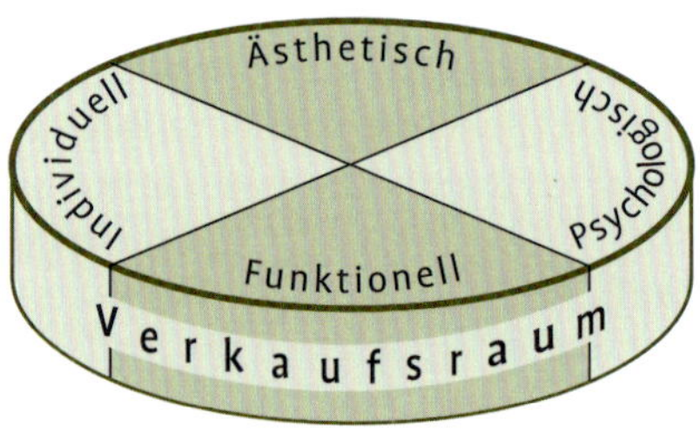

- Halten Sie Ihre Regale attraktiv, im Optimalzustand sollte mindestens ein Produkt vorne an der Regalkante stehen. Kein Kunde möchte bis zum Ellenbogen in Ihr Regal eintauchen.
- Vermitteln Sie Gefühle – denn Sie sind ein großer Motivator.
- Verteilen Sie Ihre Topseller im Laden, nur dann können die Kunden Ihr gesamtes Sortiment bewundern.

Funktionell

Der Hofladenaufbau sollte natürlich auch funktionell sein. Kein Kunde ist zufrieden, wenn er Ihren ganzen Hofladen durchforstet, die Produktaber nicht die Produkte aufgrund einer unübersichtlichen Positionierung findet. Dazu sollte neben dem psychologischen auch ein funktioneller Effekt beachtet werden. Kunden wollen möglichst schnell ihre Produkte selbst finden, und daher sollte das Angebot auch strukturiert angeordnet werden. Diese funktionelle Ebene ist wichtig für einen angenehmen Einkauf:

- Die Kunden sollen die Produkte, die sie gezielt suchen, möglichst schnell finden.
- Die Ware sollte für jeden gut erreichbar sein und mit Selbstbedienung entnommen werden können.
- Die Wege sollten breit genug sein, damit ein angenehmes Durchkommen möglich ist.
- Die Kunden, die sich umsehen wollen, sollen durch ein Wegesystem möglichst das ganze Angebot wahrnehmen können. Dabei lässt sich der Kunde oft durch das Geschäft ‚treiben'.

Ästhetisch

Auch die Ästhetik spielt eine weitere wichtige Rolle für das Angebot. Eine ansprechende Auslage der Produkte sorgt für ein Einkaufserlebnis, bei der positive Gefühle erzeugt werden sollen. Wenn Ladwerg in einer Ansammlung von Gewürzen wie Nelken, Zimt, nostalgischen Weckgläsern, zusammen mit einem Korb Pflaumen auf einem rustikalen Tisch angeboten werden, erzeugt das neben dem Gefühl „Das kenn ich noch, so war das früher bei uns zu Hause" und „Das war noch gute Hausmannskost" auch das Verlangen diese Erinnerung mit dem Produkt zu kaufen. Das ist das Prinzip, für das mit vielen Produkten geworben wird. Und gerade beim Hofladen kann diese Verkaufsargumentation hervorragend genutzt werden, weil das die Erwartungshaltung und das Gefühl für gute Produkte in einem hohen Maße anspricht:

- Der Verkaufsraum sollte sauber sein.
- Leere Kisten und verbrauchte Packpapiere gehören in den Müll.
- Beleuchtung sollte ausreichend, besser förderlich sein.
- Waren, Dekoration und Raumgeometrie sollten harmonieren.

Individuell

Auch Individualität ist ein wichtiger Faktor. In Ihrem Hofladen kennt man Sie und Sie kennen den Kunden. Das ist ein immenser Kundenfaktor, der die Mundpropaganda in hohem Maße verstärkt. Das fängt an bei der Erklärung der Produkte und dem Gespräch über die Herstellung und die Verwendung hochwertiger Produkte „Schmecken Sie die feine Zimtnote heraus und ein Hauch Vanille", über das individuelle Kunden-Hofladen-Verhältnis „Und das gebe ich Ihnen einfach mal so zum Probieren mit" bis hin zur Verabschiedung „Vielen Dank Frau Weber und viele Grüße an Ihren Mann".

Gestalten Sie Ihren Verkaufsraum so, dass die Kunden ihn möglichst komplett abschreiten. Platzieren Sie alltägliche Waren (beispielsweise Obst, Gemüse, Eier) nicht direkt am Eingang und steuern Sie dadurch die Laufwege Ihrer Kunden.

Diese Gesten sorgen nicht nur kundenseitig für einen Erkennungswert nach den Produkten vom Erzeuger, sondern verstärken auch das Gefühl, dass es tatsächlich so ist. Dieser Faktor ist der wichtigste in der ganzen Kette.

4.3 Platzierung der Waren im Laden

Einfach Ihre Produkte und Erzeugnisse irgendwie im Geschäft aufbauen mag zwar praktisch sein und schnell gehen, ist aber nicht verkaufsfördernd. Sie füllen schließlich kein Warenlager, sondern möchten eine Atmosphäre erzeugen, die der Qualität Ihrer Waren

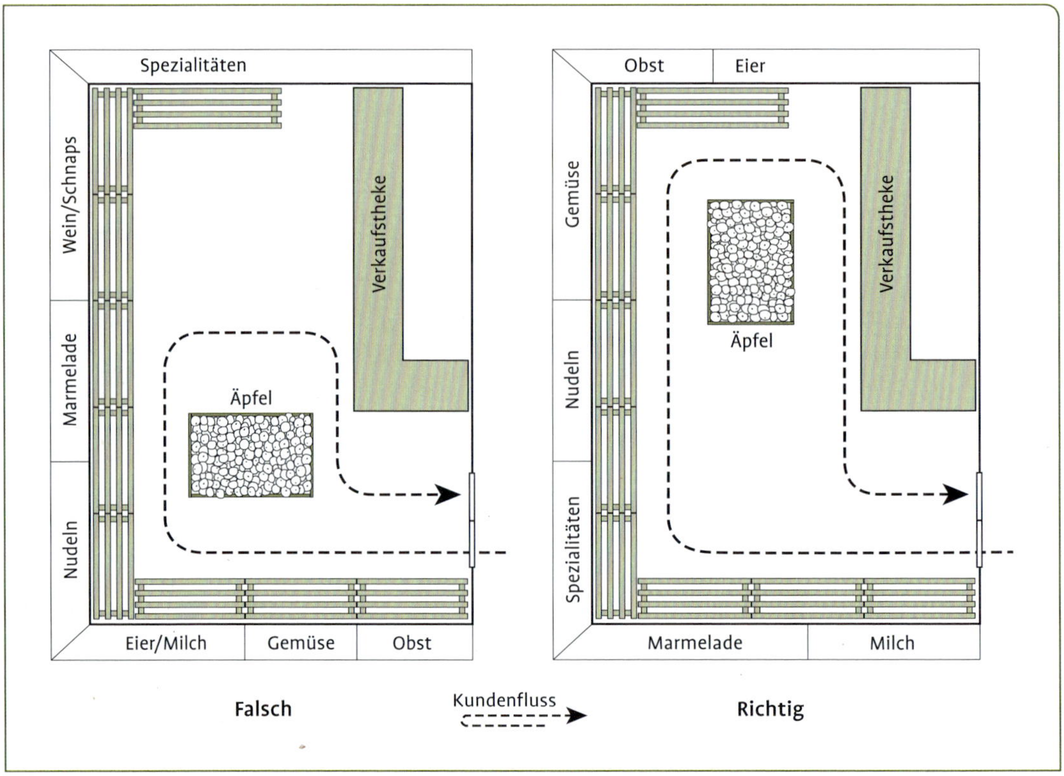

entspricht. Kunden reagieren sensibel auf die Präsentation von Produkten. Schließlich macht der optische Reiz 85 % der Sinneswahrnehmung aus.

Eingangsbereich

Der Eingangsbereich Ihres Hofladens ist für den ersten Eindruck der Kunden verantwortlich. Beim Betreten der Verkaufsräume sollten Ihre Kunden so richtig Appetit auf Ihre Produkte bekommen. Im Eingangsbereich werden deshalb vor allem die frischen Tages- und Wochenprodukte angeboten. Bei appetitlich aussehender Ware planen Ihre Kunden nicht nur das bevorstehende Mittagessen, sondern auch ein gemütliches Abendessen mit Ihren Produkten. Liegen hier Waren, die bereits in ihrer Qualität eingebüßt haben, merken Kunden das relativ schnell. Für den nächsten Einkauf wird dann bereits ein anderer Anbieter eingeplant. Am Hofladeneingang sind Originalität und Ideenreichtum gefragt, schließlich soll er die Aufmerksamkeit potenzieller Kunden wecken.

Allerdings sollten Sie den Eingangsbereich keinesfalls überladen! Die angebotenen Produkte und die Dekoration sollten in überschaubarem Rahmen bleiben. Zu viele Waren erschweren den Kunden die

Hier fühlen sich Kunden willkommen, der Eingangsbereich wirkt bunt, authentisch und vielfätig.

Auswahl. Ein harmonisches Verhältnis zwischen der Menge der Außenware und der Größe des Eingangsbereichs ist empfehlenswert.

Es ist ebenso wenig sinnvoll, ein eintöniges Angebot in die Auslage zu legen. Es ist ideal, wenn der Kunde ein übersichtliches Angebot der Waren vorfindet, die stellvertretend für das Angebot im Inneren des Verkaufsraumes sind.

Zentralbereich
Im Mittelteil der Wegstrecken platzieren Sie den Großteil der täglichen Bedarfsprodukte. Ist der Kunde hier einmal angelangt, wird er auch den restlichen Weg bis zur Kasse zurücklegen und damit Ihr komplettes Angebot sehen. Setzen Sie hier Kundenstopps in Form von Probetellern oder Informationskarten. An diesen Stellen wird der Kunde länger verweilen und Ihr Angebot genauer betrachten, probieren und kaufen.

Der Endbereich
Im Endbereich der Wegstrecke platzieren Sie vor allem Mitnahmeartikel, niedrigpreisige Handelswaren oder Bedarfsartikel. Selbst wenn Sie diese Produkte schon innerhalb des Ladens bei den entsprechenden Erzeugnissen platziert haben, so können Sie doch an der Kasse nochmals auf diese Produkte hinweisen.

Verkaufstheke
Die Verkaufstheke ist das Herzstück Ihres Verkaufsraumes. Hier kommt jeder Kunde vorbei, um seine Produkte zu bezahlen. Clevere Hofladenbesitzer können hier nochmals zusätzlich Umsatz machen. Wenn Sie sehen, was der Kunde bei Ihnen eingekauft hat, können Sie ihm beispielsweise dazu passende Bedarfsartikel empfehlen: „Darf ich Ihnen zum Spargel noch einen Spargelschäler anbieten?“ oder „Möchten Sie zu der guten Flasche Wein noch einen Ausgießer?“. Platzieren Sie auf der Verkaufstheke Bedarfsartikel, Mitnahmeartikel bis zwei Euro, Trendprodukte, Probepäckchen oder Hausprospekte.

Einige Tipps für die Anordnung der Verkaufswaren auf der Verkaufstheke:
- Je niedriger der Warenwert ist, desto mehr Waren können Sie pro Flächeneinheit anordnen und umgekehrt.
- Thekenplätze in der Mitte und leicht rechts sind am verkaufsstärksten.
- Thekenplätze links von der Mitte und an den Randzonen sind verkaufsschwach.

Eine gepflegte Verkostungsstation hinterlässt einen sehr guten Eindruck und ist die beste Werbung für Ihre Produkte. Beachten Sie, dass Ihre Produkte und eventuelle Verkostungsstationen stets entsprechend der Lebensmittel-Hygiene-Verordnung gehandhabt werden müssen.

Die Kunden stellen sich grundsätzlich in die Mitte der Verkaufstheke, von dort aus haben sie den besten Überblick. Viele Kunden sind rechtsorientiert, daher ist die rechte Seite effektiver in der Kundengunst als die linke.

Geben Sie der Theke die richtige Dimension: Beachten Sie, dass Ihre Produkte stets entsprechen der Lebensmittel-Hygiene-Verordnung gehandhabt werden müssen. Die Verkaufstheke sollte großflächig, übersichtlich und gut beleuchtet sein. Passen Sie die Höhe der Theke Ihrer Körpergröße an, da Sie einige Stunden des Tages daran arbeiten müssen.

4.4 Platzierung der Waren in den Regalen

Verkaufsregale haben die Aufgabe, dem Kunden die Produkte zu präsentieren, die er kaufen soll. Nutzen Sie die Regale als ein Hilfsmittel, um Waren psychologisch zu präsentieren. Dabei hat jede Regalhöhe eine andere Wirkung auf das Kaufverhalten. Waren auf Sichthöhe fallen dem Kunden als Erstes ins Auge. Der nächste Blick fällt auf die Griffhöhe. Als Letztes werden die Waren in Streckhöhe und Bückhöhe wahrgenommen.

Regale haben auch eine Wirkung auf das Kaufverhalten und unterschiedliche Produkte benötigen eine unterschiedliche Produktion im Hofladen.

Platzieren Sie die Warenmenge entsprechend dem Umsatzanteil. Wenn Sie Waren, die nicht oft gekauft werden, großflächig ausbreiten, verschenken Sie nicht nur wertvollen Platz, sondern das Angebot wirkt auch uninteressant. Sie müssen diese Waren ja nicht ganz aus dem Sortiment nehmen, aber ein angemessen großer Platz zeigt zumindest, dass Sie auch diese Artikel führen.

Artikel, die in Streckhöhe platziert werden sollten:
- kleine und leichte Artikel,
- günstige Artikel.

Artikel, die in Sichthöhe platziert werden sollten:
- Angebotsartikel,
- teure und hochwertige Artikel,
- „Luxusartikel".

Artikel, die in Bück- und Griffhöhe positioniert werden sollten:
- günstige Waren,
- Grundlebensmittel und Bedarfsartikel,
- schwere Artikel,
- großvolumige Artikel.

Platzieren Sie auch die Warenmenge entsprechend dem Umsatzanteil. Wenn Sie Waren, die nicht oft gekauft werden, großflächig ausbreiten, verschenken Sie nicht nur wertvollen Platz, sondern das Angebot wirkt auch uninteressant. Sie müssen diese Waren ja nicht ganz aus dem Sortiment nehmen, aber ein angemessener Platz in entsprechender Größe zeigt zumindest, dass Sie auch diese Artikel führen.

Neben der Höheneinteilung mit der unterschiedlichen Blickfeld-Situation ist ein weiterer Aspekt der horizontale Focus auf die Mitte des Regals. Dort ist der Blick des Kunden am häufigsten.

4.5 Grundsätzliche Tipps zur Anordnung der Waren

Ordnen Sie Ihre Produktpalette systematisch an. Produkte nur nach Warenart zu sortieren, ist weniger sinnvoll, vielmehr sollten Sie eine strukturierte Anordnung der Produkte wählen. Verkaufsfördernde Anordnung bedeutet, dass Sie saisonale Lebensmittel mit den entsprechenden Nebenerzeugnissen und Handelswaren in den Vordergrund rücken.
- Ordnen Sie das Sortiment in entsprechenden Gruppen an.
- Achten Sie auf übersichtliche und informative Gestaltung.
- Rücken Sie Sonderangebote in den Vordergrund.
- Achten Sie darauf, dass kleinere Artikel nicht von größeren verdeckt werden.
- Räumen Sie ungeordnete Produkte wieder an den richtigen Platz.
- Sorgen Sie immer für ein vollständiges Sortiment.
- Achten Sie auf Sauberkeit in den Regalen.
- Füllen Sie die neue Ware immer hinten auf und stellen Sie die ältere in den Vordergrund.
- Achten Sie auf wechselnde Dekoration.

Überlegen Sie, welche Regaltypen Ihre Produkte am besten präsentieren und welche baulichen Voraussetzungen Sie haben.

4.6 Produktanordnung

Ein Produkt mehrfach nebeneinander in den Regalen zu platzieren, sorgt nicht nur für eine ausreichende Verfügbarkeit, sondern auch für eine entsprechende Attraktivität für den Kunden. Produkte, die nur in geringer bis einmaliger Stückzahl in den Regalen platziert sind, rücken schnell aus dem Kauf-Focus des Kunden. Diese Breite kann bis zu 30 cm erweitert werden. Danach steigt das Kaufverhalten mit der geometrischen Breite der verfügbaren Produkte nur noch geringfügig. Verstärkt wird dieser Effekt noch durch die jahreszeitliche Saison der Produkte, die dann in entsprechender Breite präsentiert werden, sowie auch durch die dazu passenden zusätzlichen Bedarfsprodukte. Ein Beispiel dafür ist die Erdbeerzeit, bei der das zusätzliche Angebot von Belegböden und Sahne eine entsprechende Kauffrequenz erfährt. Bei Fleischprodukten können die entsprechenden Gewürze oder Gewürzmarinaden angeboten werden.

4.7 Gefahrenquellen im Hofladen

Installieren Sie im Hofladen sowie auf dem gesamten Betriebsgelände alle notwendigen Sicherheitsvorrichtungen, um Unfälle oder Unfallpotenziale zu vermeiden.

Ein buntes Sortiment wirkt sauber und ordentlich, wenn Sie es schlicht präsentieren.

Lücken im Regal fallen sofort ins Auge und stören das Bild, ziehen Sie Produkte, die daneben stehen, für begrenzte Zeit breiter.

Schadhafte Böden oder Treppenstufen sowie glatte Bodenbeläge, auf denen man bei Nässe leicht ausrutschen kann, sollten entfernt oder ausgebessert werden. Auf dem gesamten Hofgelände sollten Sie unbedingt darauf achten, dass Kinder keine Möglichkeit haben, unbeaufsichtigt an landwirtschaftlichen Geräten zu hantieren. Vor allem der Weg zum Hofladen sollte eben und frei von Stolperstellen sein.

Checkliste Hofladenaufbau

Haben Sie Ihre idealen Räumlichkeiten für den Hofladen gefunden? Nehmen Sie ihn mit der Checkliste noch einmal unter die Lupe und vergleichen Sie mit anderen Hofläden, die auch in der Nähe sind:

Standort
- Wie ist die Verkehrssituation?
- Ist Ihr Hofladen gut erreichbar (zu Fuß, mit dem Auto, mit öffentlichen Verkehrsmitteln)?
- Wie kennen die Kunden Ihren bisherigen Betrieb?
- Wie ist die Parkplatzsituation?

Konkurrenzsituation
- Wie sind die Hofläden der Konkurrenz gestaltet (Image, Parkplätze, Erreichbarkeit)?
- Wie sehen deren Verkaufsräume aus (Warenpräsentation, Warenanordnung, Platzangebot, Hygiene)?
- Welches Sortiment bietet die Konkurrenz an (Sortimentsbreite, Sortimentstiefe, Spezialitäten, Qualität, Preisniveau)?
- Wie ist der Service der Konkurrenz (Beratung, Bedienung, Freundlichkeit, Personal)?
- Finden regelmäßige Veranstaltungen statt (saisonale Verkaufsveranstaltungen, Festtagsmärkte, usw.)?

Direktes örtliches Umfeld
- In welcher Entfernung liegt das Einkaufszentrum Ihrer Gemeinde?
- Wie viele andere attraktive Geschäfte gibt es in Ihrer Umgebung?
- Findet ein regelmäßiger Wochenmarkt statt?
- Gibt es eine Fußgängerzone, Passage oder ein Einkaufszentrum?

Außenbereich Hofladen
- Können Lieferanten ungehindert und jederzeit anliefern?
- Verfügt der Hofladen über eine ansprechende Fassade?
- Haben Sie die Möglichkeit, gut sichtbar Werbung anzubringen?
- Ist eine Außenbeleuchtung vorhanden?
- Ist Ihr Geschäft von außen gut einsehbar?
- Ist der Eingangsbereich attraktiv gestaltet?
- Können Kunden Ihren Hofladen ungehindert betreten?

Verkaufsraum Hofladen
- Ist der Verkaufsraum groß genug?
- Ist er günstig geschnitten?
- Bietet der Verkaufsraum ausreichende Stellflächen?
- Sind Bodenbelag, Wände und Decke in gutem Zustand?
- Ist die Beleuchtung in Ordnung?
- Sind Nebenräume (Kühlraum, Lagerraum) vorhanden und ausreichend groß?
- Sind alle Räume gut belüftet?
- Müssen Räume renoviert werden? Wie hoch sind die voraussichtlichen Kosten?
- Wie ist der technische Zustand (Stromversorgung, Heizung, Lüftung, Klimaanlage)?
- Bestehen Ausbau- und Erweiterungsmöglichkeiten?

5 Verkaufsfördernde Einrichtung und Dekoration

5.1 Einrichtungsstile

Der Verkaufsraum sollte nicht nur praktisch eingerichtet sein, sondern darüber hinaus auch eine gewisse Ästhetik besitzen. Verleihen Sie Ihrem Verkaufsraum Ihren eigenen Stil. Nur in einer für Sie angenehmen Atmosphäre können Sie auch mit Begeisterung arbeiten. Die funktionelle Einrichtung des Verkaufsraumes ist eine einmalige Sache, für die Sie professionellen Rat einholen können. Aber Sie selbst verleihen dem Hofladen das gewisse Etwas. Richten Sie den Verkaufsraum individuell ein, das macht ihn einzigartig und interessant. Welche Einrichtung Sie dabei wählen, bleibt Ihnen überlassen.

Eine rustikale Einrichtung wirkt nostalgisch und kommt bei Kunden oft gut an. Lassen Sie sich von Profis unterstützen. Es gibt Firmen, die auf die Einrichtung von Hofläden spezialisiert sind und Ihnen mit viel Erfahrung zur Seite stehen.

Rustikale Einrichtung

Mit der rustikalen Einrichtung versetzen Sie Ihre Kunden in die „gute alte Zeit“ zurück. Die Produkte wirken in der urtümlichen Atmosphäre. Materialien für einen rustikalen Hofladen sind beispielsweise

Holzbalken, Messing, Kupfer, Fässer, alte Arbeitsgeräte, Stroh, Weidenkörbe oder Holzkisten. Für einen rustikal eingerichteten Verkaufsraum kann ein altes Fass wunderbar als Weintheke dienen. Für dekorative Zwecke bieten sich alte Haushaltsgeräte an. Denkbar ist auch ein Wagenrad als Tischplatte oder eine Kupferbrennerei als reiner Blickfang. Antike Möbel passen gut zur rustikalen Präsentation von Marmeladen oder Schnäpsen, Kartoffeln lassen sich auch in Jutesäcken verkaufen oder Äpfel in Weidenkörben anbieten. Hier sind Ihrer Fantasie keine Grenzen gesetzt!

Moderne Einrichtung

Bei der modernen Einrichtung stehen die Produkte im Vordergrund. Die Einrichtung unterstreicht das Warenangebot. Materialien für einen modernen Verkaufsraum sind beispielsweise Kunststoff, Stahl, einfarbige Wände, Theken, Halogenlampenseile, Holzpaneele oder abstrakte Bilder.

Neutrale Einrichtung

Gemeint sind damit weiße Wände und eine neutrale Inneneinrichtung. Der Reiz in der neutralen Einrichtung besteht darin, dass Sie sowohl in die moderne als auch in die rustikale Richtung über eine große Bandbreite an Dekorationsmöglichkeiten verfügen.

Rustikal und modern geht auch gut zusammen. Wichtig ist, dass das Gesamtbild stimmt und dass Sie hinter Ihrem Konzept stehen.

Eine neutrale Einrichtung ist übersichtlich und klar strukturiert.

Checkliste für den täglichen Hofladencheck

- Sind die Waren optisch gut ausgelegt und präsentiert?
- Sind Blickfänge eingebaut?
- Sind Angebote verkaufsfördernd präsentiert?
- Ist die Kühltheke sauber dekoriert?
- Sind die Preisauszeichnungen überall vorhanden?
- Sind Anschnittflächen frisch und ohne Ränder?
- Ist genügend Obst und Gemüse in den Auslagen?
- Sind genügend Erzeugnisse abgepackt?
- Müssen Waren nachbestellt werden?
- Sind die Kundenwege frei von Müll oder Rutschfallen?
- Sind die älteren Waren vor den frischen angeordnet?
- Liegen Gabeln und Zangen griffbereit?
- Ist genügend Verpackungsmaterial vorhanden?
- Sind Arbeitsmesser sauber und scharf?
- Sind die Probierteller mit frischen Proben bestückt?
- Sind die Arbeitsflächen sauber und trocken?

5.2 Dekoration

Egal welchen Einrichtungsstil Sie bevorzugen, eine wechselnde Dekoration empfiehlt sich in jedem Verkaufsraum. Dekorieren Sie entsprechend der Stimmung, die Sie erzeugen möchten. Dekorieren Sie nach Jahreszeiten, Festtagen oder saisonalen Themen.

Die Dekoration dient dem Zweck, beim Kunden Gefühle zu erzeugen, die ihn zum Kauf anregen. Solche Gefühle sind Gemütlichkeit, Sinnlichkeit, Ruhe, Zufriedenheit, Gesundheit, Festtags- oder Urlaubsstimmung.

Gefühle können Sie besonders wirkungsvoll erzeugen, wenn Sie Ihre Kunden in Erinnerungen schwelgen lassen. Zum Beispiel mit Großmutters Waffeleisen, das neben einem Korb mit Eiern und einer Tüte Mehl dekoriert ist. Wie war es, als Sie früher zu Hause mit der Familie frisch gebackene Waffeln gegessen haben?

Doch nicht nur die optischen Reize versetzen Ihre Kunden in bestimmte Gefühlswelten, sprechen Sie auch ihre Geruchs- und Gehörsinne an. Beispielsweise mit einem kleinen Brunnen, der bei den Äpfeln und Birnen dekoriert ist und das Gefühl von Frische vermittelt. Oder einem mit Rindenmulch angelegten Gang, der Assoziationen wie Wald und Natur weckt. Stellen Sie sich einige beispielhafte Fragen, mit deren Hilfe Sie neue Ideen für die Dekoration kreieren können:

- Wie war es, als Sie Ihren ersten Bratapfel gegessen haben?
- Können Sie sich noch daran erinnern, als zum ersten Mal der Weihnachtsmann kam?
- Haben Sie noch den Duft in der Nase, als früher Plätzchen gebacken wurden?
- Wie war es für Sie als Kind, als es die ersten Erdbeeren gab?
- Riechen Sie den frisch gebackenen Hefekuchen?

Wenn Sie Ihre Produkte passend dekorieren, wirken sie noch viel persönlicher.

Oft sind Kunden sehr am Herstellungsprozess Ihrer Produkte interessiert, gewähren Sie ihnen durch „echte“ Dekoration Einblicke.

Eine Getreidemühle können Sie gut in Ihre Einrichtung integrieren, Ihre Kunden werden frisch gemahlene Mehle und Schrote schätzen. Auch als reine Dekoration ist eine Mühle interessant.

Achten Sie aber darauf, dass Sie sich bei der Dekoration für eine Stilrichtung entscheiden. Mit einem pinkfarbenen Plastiktisch in rustikaler Umgebung schaffen Sie kein einheitliches Bild und können somit auch keine angenehme Atmosphäre schaffen.

5.3 Beleuchtung

Beleuchten Sie Ihren Hofladen vorzugsweise senkrecht von oben oder im 45-Grad-Winkel nach unten gerichtet. Das bewirkt eine angenehme Beleuchtung und blendet die Kunden nicht.

Ihr Hofladen im richtigen Licht

Im Lebensmittel-Frischebereich werden heute sehr differenzierte Ansprüche an die Beleuchtung gestellt. So ist es enorm wichtig, schon bei der Planung des Geschäftes genau zu wissen, wo welche Produkte präsentiert werden. Unterschiedliche Produkte – wie sie in Hofläden zu finden sind – mit ein und demselben Licht zu beleuchten, kann fatale Auswirkungen haben. Frische Lebensmittel können im falschen Licht alt und unappetitlich wirken.

Des Weiteren ergeben Möbel und Dekoration alleine noch lange keine geschickte Raumgestaltung. Erst das harmonische Zusammenspiel von Einrichtungen, Wand- und Deckengestaltungen in Verbindung mit der richtigen Lichtplanung ergeben ein geschlossenes Ambiente, eine Atmosphäre, in der man sich wohlfühlt.

Der Thekenbereich bildet den Hauptumschlagplatz eines jeden Lebensmittel-Frische-Geschäftes. In der Theke steht das Produkt im Mittelpunkt der Verkaufsbühne. Nicht nur die Produktanordnung ist für den Verkaufserfolg maßgebend, sondern die Unterstützung der Produkte durch warenspezifische Beleuchtung. Erst im richtigen Licht erstrahlt die Ware frisch und appetitlich.

Wie wichtig eine exakte Beleuchtung in Regalen ist, zeigt die Praxis. In vielen Hofläden kann man beobachten, dass die Beleuchtungsstärke vertikal von Regal zu Regal abnimmt. Erstrahlen die Produkte in den oberen Regalen noch im hellen Licht, so führen die Produkte in den unteren Regalen ein wahres Schattendasein. Dem gilt es, durch richtige Lichtsysteme entgegenzuwirken.

(Quelle: Firma Bäro)

6 Ihre Hofladenprodukte

Im Grunde genommen können Sie jedes beliebige landwirtschaftliche Produkt verkaufen. Es müssen die entsprechenden Vorschriften und die gesetzlichen Bestimmungen erfüllt sein. In den meisten Fällen handelt es sich vorwiegend um Obst- und Gemüseerzeugnisse. Der Verkauf von Waren wie Fleisch, Milch und Fisch unterliegt strengeren Bestimmungen, die aber nicht unüberwindbar sind.

Es sollte in allen Fällen dafür gesorgt werden, dass eine produktgerechte Lagerung möglich ist, zum Beispiel im Kühlhaus oder in dunklen Räumen, um die Produkte auch bei längeren Lagerzeiten frisch zu halten.

Ihre Hofladenprodukte

Die Hofladenprodukte setzen sich aus drei verschiedenen Bereichen zusammen: Urprodukte, Veredelungsprodukte erster Ordnung und Veredelungsprodukte zweiter Ordnung.

Zu den Urprodukten gehören beispielsweise Fleisch, Obst, Gemüse, Kräuter, Gewürze und Eier. Diese direkten Erzeugnisse sind Grundprodukte ohne jegliche weitere Verarbeitung. Des Weiteren gibt es die Produkte der ersten Veredlungsstufe wie beispielsweise Most aus Äpfeln, gewürztes Fleisch, Schinken. Zur zweiten zweiten Veredlungsstufe zählen Destillate, Wurst, Gewürzpasten, Nudeln. Die Urprodukte sowie die Produkte der ersten Veredlungsstufe unterliegen dem für die Landwirtschaft günstigeren Umsatzsteuersatz. Veredlungsprodukte der zweiten Stufe unterliegen dem vollen Umsatzsteuersatz.

Grundsätzlich können Sie jedes beliebige landwirtschaftliche Produkt anbieten, solange Sie die entsprechenden Kennzeichnungs- und Lagerungsvorschriften sowie evtl. zusätzliche gesetzliche Bestimmungen erfüllen. Setzen Sie aber Prioritäten für Ihr Angebot. In den meisten Fällen wird Ihr Angebot auf einen Mix aus Urprodukten um Fleisch, Fisch oder Obst- und Gemüseerzeugnisse handeln sowie um Produkte der ersten und zweiten Veredlungsstufe. Es sollte zudem in allen Fällen aber dafür gesorgt werden, dass für jede Linie eine produktgerechte Verarbeitung, Lagerung und Verkaufsauslage möglich ist.

6.1 Das Sortiment

Der Erfolg Ihres Hofladens steht und fällt mit Ihrem persönlichen Engagement und Ihren Produkten. Legen Sie besonderen Wert auf beides, denn nur zusammen bilden Sie die Grundlage Ihres Verkaufserfolges und Ihres Images. Mit Ihren selbst erzeugten Produkten kennen

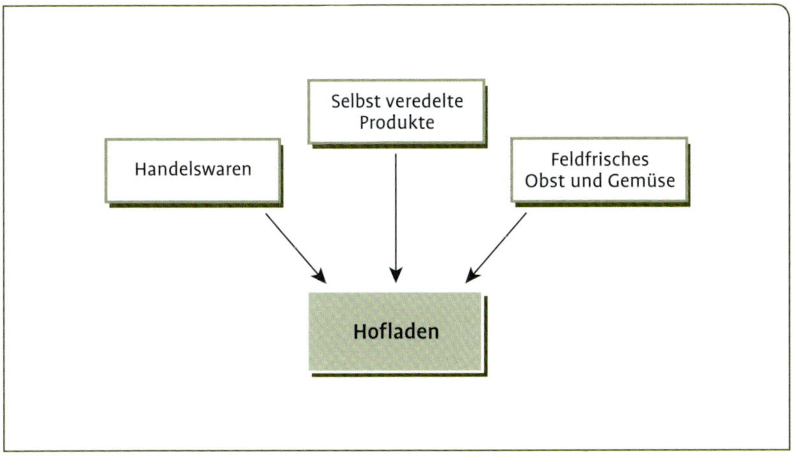

Diese drei Produktbereiche ergeben zusammen ein Vollsortiment.

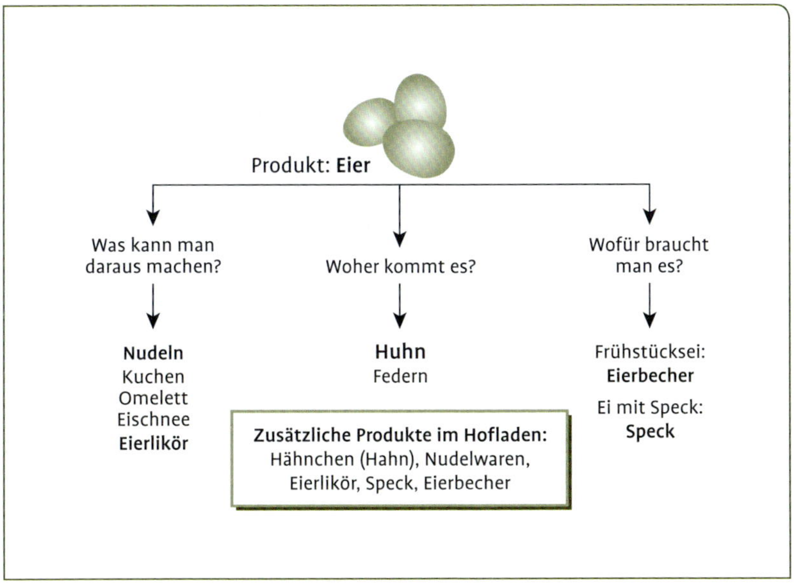

Gestalten Sie Ihr Sortiment um Ihr Hauptprodukt herum.

Sie sich aus und haben damit einen entscheidenden Vorteil gegenüber den Händlern: Sie können die Kunden über die Produkte besser informieren als jeder andere. Das zeigt sich spätestens dann, wenn es um fachliche Fragen geht. Ob es sich bei den Produkte um Fleisch, Eier, Gemüse, Obst oder Wein handelt: Sie sind derjenige, der für das Produkt in der Aufzucht oder im Anbau verantwortlich ist und kennen jedes Stadium des Wachstums.

Wenn Sie nur eine geringe Auswahl an Produkten als Erzeuger produzieren, sollten das Ihre Grundprodukte sein, die Sie durch ein zusätzliches Angebot erweitern. Beginnen Sie aber nicht damit, ein übergroßes Angebot an Waren einzukaufen und auszulegen.

Tab. 1. Landwirtschaftliche Urprodukte und Veredlungsstufen

Urprodukte	1. Veredlungsstufe	2. Veredlungsstufe
Fisch	Zerlegen von Fisch, Räuchern von Fisch aus eigener Zucht, Verkauf von Fischen	Backfisch, Rollmöpse, eingelegte und marinierte Fische, Fischsalate
Schweine, Rinder, Ziegen etc.	schlachten und zerlegen, Rinderviertel, Schweinehälften, Tiernebenprodukte wie Felle, Rohwolle	zerlegen in bratfertige Stücke, Filetierung, Einlegen in Marinaden Hackfleischherstellung Herstellung von Würsten, Wurstsalaten, Räuchern von Fleischprodukten
Puten	schlachten und zerlegen in ganze, halbe oder viertel Stücke	Marinieren von Putenstücken, Herstellung von Geflügelsalaten, bratfertigem Geflügel, Würsten
Hühner, Gänse etc.	schlachten und Verkauf als ganzes Tier, Verkauf von Federn	Verkauf von Teilstücken, bratfertige Produkte, Geflügelsalat
Milch	Milch und deren unmittelbare veredelten Grundprodukte: Butter, Käse, Quark, Buttermilch, Joghurt	Kondensmilch, Speiseeis, Milchpulver, Fruchtjoghurt
Eier	frische und gekochte Eier, gefärbte Eier	Herstellung, von Nudeln, Eierprodukte, Eierlikör, Soleier
Honig	selbst gewonnener Honig, Bienenwachs	verarbeitete Honigprodukte: Nougat, eingelegte Nüsse in Honig, Bienenwachskerzen
Getreide	Mehlerzeugnisse, Futtermittel, Verkauf der Roh- und Mehlprodukte in portionierten Verpackungen	Backwaren, Bierherstellung, Müsli-Mischungen
Kartoffeln	Herstellung von Kartoffelflocken	Herstellung von Fertigprodukten (Pommes, Kroketten, Rösti, Chips)
Getreide und Kartoffelbrennerei	Destillation von Rohsprit und Feinsprit	Herstellung von Trinkbranntwein, Likören, eingelegten Früchten
Gemüse	waschen, zerkleinern, Konserven	Herstellung von Fertiggerichten, Mischkonserven, Soßen
Senf	Herstellung von fertigem Senf aus eigenen Früchten	Senf aus zugekauften Früchten
Obst	Herstellung von Direktsäften, Marmeladenherstellung	Edelbranddestillation, Likörherstellung, Fruchtsalate

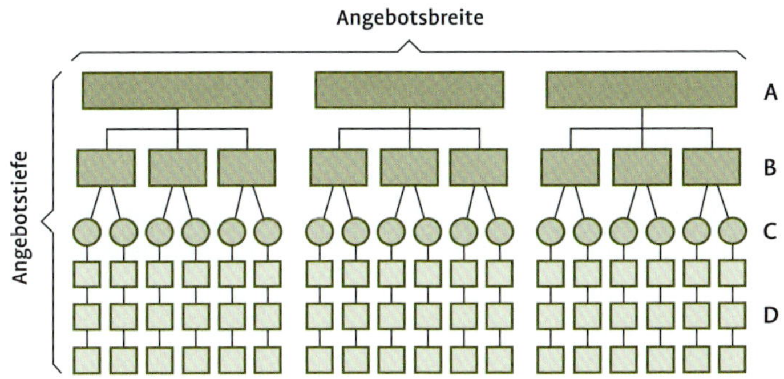

Wie breit und tief soll Ihr Sortiment sein?

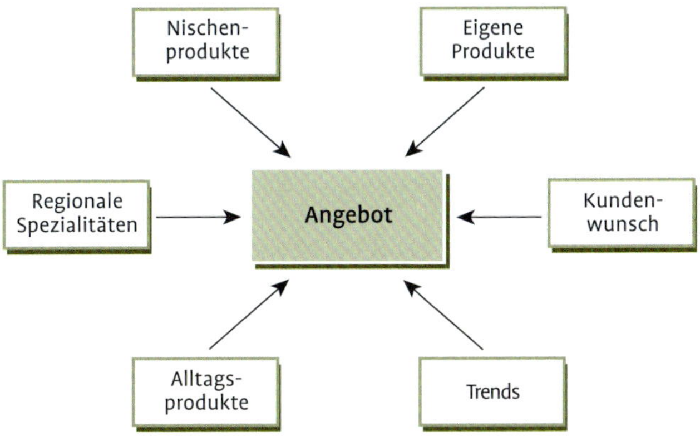

Für ein sinnvolles Angebot müssen Sie zwischen diesen Faktoren abwägen.

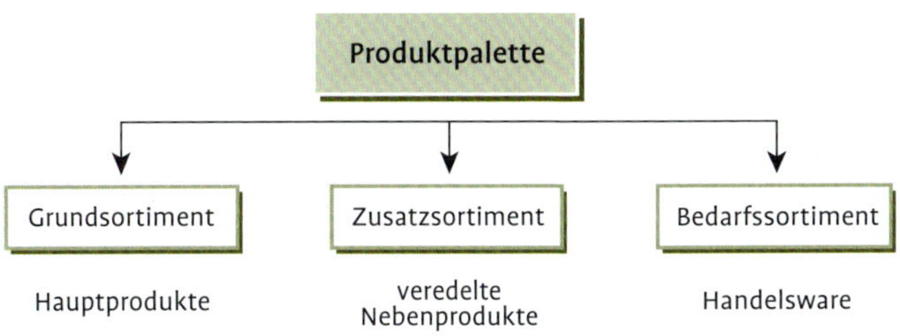

Eine Produktpalette besteht aus drei Sortimentsbereichen.

Sie sollten sich auf jeden Fall über die Qualität der zugekauften Waren informieren. Minderwertige Waren bringen nicht nur Reklamationen, sondern schädigen auch Ihren Ruf.

Grundsortiment beim Hofladen

Das Grundsortiment im Hofladen besteht vorrangig aus Ihren eigenen Erzeugnissen und deren erster bzw. zweiter Veredlungsstufe. Das sollte für den Kunden deutlich erkennbar sein und reflektiert auch die Produktion in Ihrem landwirtschaftlichen Betrieb. Dieses Grundsortiment ist bei einem Gemüsebetrieb anders aufgebaut als bei einem Obstbaubetrieb oder einer Fleischerzeugung. Die meisten Hofläden haben ein ganzjähriges Grundsortiment. Des Weiteren gibt es Hofläden mit saisonal abgegrenzten Erzeugnissen wie beispielsweise Erdbeeren und Spargel. Hier sind die Verkaufszeiten der eigenen Erzeugnisse beschränkt auf die Erntezeit.

Im Vorfeld der Planung des Hofladens sollte überlegt werden, ob die saisonale Verkaufszeit und der entsprechende Bekanntheitsgrad auch dafür genutzt werden können, ganzjährig entweder Handelsprodukte zu verkaufen, oder die Produktlinie zu erweitern, um ein ganzjähriges Angebot mit eigenen Erzeugnissen versorgen zu können.

Ein großes Zusatzsortiment lockt Kunden an, sollte aber wohl durchdacht sein. Überlegen Sie, welche Produkte zu Ihnen und Ihrem Betrieb passen.

Kunden kommen auch, weil sie wissen, dass sie bei Ihnen eine Auswahl ganz spezieller Produkte bekommen. Seien Sie sich Ihrer Stärken bewusst: Ihre Kunden suchen besondere Produkte und freuen sich, dass sie direkt mit Erzeugern sprechen können.

Durch ein ganzjähriges Angebot verteilen sich die Fixkosten des Hofladens, was die Nutzung der Räumlichkeiten rentabilisiert.

Von Kundenseite steht der Einkauf der Saisonprodukte im Vordergrund, für die er Ihren Hofladen primär besucht. Gleichzeitig unterliegt es auch der Gewohnheit, bei diesem Einkauf auch die Produkte zu erwerben, die in den nächsten Tagen auf dem Speiseplan stehen. Zudem gibt es durch die Wartezeiten vor der Kasse die Möglichkeit für das Erkunden ihres Hofladens nach weiteren Produkten.

Zusatzsortiment

Zum Zusatzsortiment gehören veredelte oder artverwandte Produkte Ihres Grundsortiments. Dazu zählen vor allem Produkte, die mit Ihren Grundprodukten direkt oder indirekt in Verbindung gebracht werden. Sie sollen den Kaufreiz anregen und Ihr Angebot abrunden. Diese Zusatzprodukte können Sie selbst erzeugen oder von anderen Produzenten zukaufen, da manche Produktionsverfahren teuer oder zeitintensiv sind. Das Zusatzsortiment sollte sich um die Grundprodukte ranken, sie aber nicht dominieren. Bei größerem Bedarf kann das Zusatzsortiment erweitert werden (Tab. 2, S. 56), um dem Kunden eine größere Auswahl zu bieten.

Bedarfssortiment

Zur dritten Sortimentsgruppe gehört das Bedarfssortiment. Es erweitert die Produktpalette mit Waren, die nicht direkt mit Ihren Produkten zu tun haben. Das können Haushaltsmesser oder andere kleinere Küchenbedarfsmittel sein. Auch Spaßartikel wie Stofftiere für Viehbe-

Tab. 2. Grundsortiment mit Zusatz- und Bedarfsprodukten

Grundprodukte	Zusatzprodukte	Bedarfsprodukte
Obst	Obstprodukte verzehrfertiges Obst (Convinience Food)	Obstschäler Apfelteller
Eier	Nudeln Eierlikör	Eierbecher Eierkocher Eierfarben
Getreide	Nudeln Brot Backmischungen	Nudelzangen Spaghettigläser Getreidemühlen Backautomaten
Fisch	Räucherfisch eingelegte Fische Zitronen	Fischmesser
Fleisch	Gewürzmischungen Wurstwaren	Fleischmesser Holzbretter
Milchprodukte	Butter Käse Joghurt	Käsemesser Holzbretter Käseglocken
Imker-Produkte	Met Wachskerzen Honigbonbons	Honiglöffel Kerzenaccessoires
Wein	Weingelee	
Essige	Obstessige Kräuteressige eingelegte Gurken und Gemüse	Essigzerstäuber
Öle	Kräuteröle Traubenkernöl	
Gemüse	Suppengemüse	Spargelschäler Reiben Salatbesteck
Geflügel	Eier Federprodukte	Tranchierschere
Wild	Preiselbeermarmelade	
Brände	Liköre	Edelbrandgläser

triebe, Stofferdbeeren für Erdbeererzeuger, bedruckte T-Shirts u. Ä. runden Ihr Angebot ab.

Dienstleistungen
Als weiteres Angebot können Sie Dienstleistungen anbieten. Diese Dienstleistungen unterstützen den Verkauf Ihrer Produkte, wenn das Personal und Equipment dafür vorhanden ist oder es im Rahmen von einer wirtschaftlichen Rentabilität angeschafft wird.
Dienstleistungen können sein bei:

Betriebszweig	**Dienstleistung**
Fleischhandel	→ Partyservice mit Zulieferung der Beilagen → Teller und Besteckservice, Tisch- und Bänkeverleih → Verleih von Grillgeräten für Ochs/Schwein am Spieß → Vermietung von Gulaschkanone oder anderen größeren Gerätschaften zur Speisenbereitung
Gemüsebetrieb	→ Spargel: Angebot von geschältem Spargel → Salat: Angebot von Mischsalaten
Obstbetriebe	→ Obst: Saftpressen, Keltern, Trockenobst im Lohn → Lasern von Firmenlogos auf das Obst
Fischbetriebe	→ Räuchern von Fisch auf Anfrage, Einschweißen von Räucherfisch

Saisonale Produkte
Betriebe mit saisonalen Produkten wie Erdbeeren und Spargel sollten ihre Produkte in dieser Zeit gezielt bewerben. In der restlichen Zeit des Jahres bietet sich an, die Kunden zusätzlich mit weiteren Produkten zu bedienen, die ganzjährig erhältlich sind, wie z. B. Eier, Nudeln, Käse, Milch usw. oder in eine weitere Saison hineinreichen. Denn Sie steigern die Kundenbindung, je öfter sie die Kunden bedienen können. Die Kunden müssen einen Grund haben, zu Ihnen zu kommen, damit sie nicht über das Jahr hinweg in Vergessenheit geraten und jedes Jahr von Grund auf neu werben müssen.

6.2 Die Zusammenstellung des Sortiments

Die Zusammenstellung des Sortiments hängt davon ab, für was Sie bei den Kunden bekannt sind oder bekannt sein wollen. Als Apfelbetrieb zu gelten heißt, sich bei der Angebotspalette auf Äpfel zu spezialisieren. Für Fleisch verarbeitende Betriebe oder Käseerzeuger gilt entsprechend das Gleiche. Dann sollten Sie die Erwartungshaltung der Kunden nicht damit enttäuschen, dass Sie zu drei Vierteln Waren anbieten, die mit Ihrer Spezialisierung nichts zu tun haben. Der Kunde will sicher gehen, dass Sie für Ihre speziellen Produkte der absolute Fachmann sind.

Sie können sich aber auch dazu entschließen, einen Hofladen mit buntem Sortiment aufzubauen.

Verpackt oder unverpackt
Wenn die Waren abgepackt in den Regalen liegen, müssen sie täglich geprüft werden: Frische, Haltbarkeitsdatum, Nachfüllung und Angebotsaktualisierung sind Kriterien, auf die Sie möglichst nicht der Kunde aufmerksam machen muss. Das sollte durch einen täglichen Check morgens vor der Ladenöffnung geschehen. Sie sollten sich dafür je nach Umfang eine Checkliste anfertigen, nach der sie die täglichen Kontrollen abarbeiten oder durch Bedienpersonal bewerkstelligen lassen. Nichts ist peinlicher, als wenn Kunden Sie auf abgelaufene oder verdorbene Waren des eigenen Angebotes aufmerksam machen.

Verpackungen dienen dem Kunden als Transportmittel, dazu noch als Schutz vor Stößen und Verschmutzung. Ihnen als Hofladenbetreiber dienen die die Verpackungen als Werbeträger.

Verkaufsverpackungen
Verkaufsverpackungen schützen Waren vor äußeren Einflüssen. Sie sollte daher so gewählt werden, dass sie für die entsprechenden Waren die Kriterien erfüllen. Mit einem entsprechenden Aufdruck versehen dienen sie zusätzlich als Werbeträger:
- Pappe (Kartons),
- Papier (Bäckerseide),
- Plastik (Folie, Becher, Tüten etc.),
- Blech (Wurstdosen, Tuben),
- Glas (Flaschen, Marmeladengläser).

6.3 Erweiterung der Produktpalette

Erweitern Sie sinnvollerweise Ihre Palette mit Produkten, die vom Kunden nachgefragt werden und zu Ihrem bisherigen Sortiment passen. Die zugekauften Produkte sollten auch im Trend liegen oder oft im Alltag benötigt werden. Vielleicht können sie auch als Nischenprodukt dienen. Damit haben Sie eine gute Startposition und keine zu hohen Ausgaben.

Irgendwann stellen Sie sich sicherlich die Frage, wie und in welche Richtung es noch sinnvoll ist, die Angebotspalette zu erweitern. Auch hier gibt es Möglichkeiten.

Wie Sie Angebot erweitern, ist abhängig von den Grundprodukten Ihres Hofladens und den daraus resultierenden Zusatzangeboten, der Kundenakzeptanz, dem Marketing, den Vertriebswegen und von Ihrer Standortsituation. Diese linientreue Vorgehensweise ist deshalb ratsam, weil Sie dadurch Ihren Wiedererkennungswert stärken. Sicherlich sind Kundenwünsche ein guter Grund dafür, Ihr Angebot zu erweitern, aber vielleicht müssen Sie die Ideen zuerst etwas anpassen,

Tab. 3. Verpacken der Produkte

Produkt		Verpackungsmaterial	Verpackungseinheit
Frisches Obst	Kernobst Steinobst Beerenobst	Plastik- oder Papiertüten	1 kg; 2,5 kg; 5 kg
Convienence Obst	Geschältes Obst, portioniert in Obstmischungen	Plastikbecher oder Schalen	500 g
Marmeladen	Verschiedene Obstarten	Gläser mit Drehdeckel	330 g; 500 g
Frisches Gemüse	Kohl	Einzelverkauf	
	Möhren, Radieschen	Bund-Verkauf	500 g Bund
	Kartoffeln	Plastiktüten oder Säcke	2,5 kg; 5 kg; 10 kg; 25 kg
Verarbeitetes Gemüse	Eingelegtes Gemüse	Gläser mit Drehdeckel	200 g bis 800 g
Öle, Essige	Öle	Glasflaschen	100–1000 ml
	Essig	Glasflaschen	100–1000 ml
Milchprodukte	Frischmilch	Glasflaschen (Einweg-oder Mehrwegflaschen)	500–1000 ml
	Zugekaufte Milchwaren	Glasflaschen, Plastikflaschen, Tetrapacks	200–1000 ml
	Hartkäse	Papier, Duplexpapier, Plastikfolie	Nach Wunsch oder fertig abgepackt in bestimmten Gewichtsklassen
	Weichkäse allgemein, ohne feste Konsistenz	PS-Becher mit Aludeckel, Plastikdeckel	Nach Wunsch oder fertig abgepackt in bestimmten Gewichtsklassen
	Butter	Aluminium-, Papier-Verbund	250 oder 500 g
Getreide	Getreide	Plastiktüten, Papiertüten	500 g, 1000 g oder nach Wunsch
	Mehl	Papiertüten und Kraftpapiersäcke	500 g–25 kg
	Müsli	Papiertüten, Plastiktüten, Kartonboxen	
	Backwaren	Papiertüten, Plastik-schalen, Papierschalen, Plastiktüten	einfach oder doppelt portioniert
	Nudeln	Plastiktüten	500 g-Packung
Fleisch	Schlachtkörper	Mehrweg-Transportkisten, Plastiksäcke	

Tab. 3. Verpacken der Produkte (Fortsetzung)

Produkt		Verpackungsmaterial	Verpackungseinheit
	Fleischteile	Eingeschweißt, an der Frischetheke in Plastiktüten	Gewicht nach Kundenwunsch der Abpackgewicht
	Wurstwaren, frisch	Eingeschweißt, an der Frischetheke in Plastiktüten	Gewicht nach Kundenwunsch der Abpackgewicht
	Wurstwaren, Konserve	Fest verschlossene Weißblechdose, Weißgläser mit Drehverschluss	200 oder 400 g
Eier	Eier als veräußertes Naturprodukt	Pappschachteln, Plastikschachteln	6er, 10er, 12er, Paletten
Honig	Honig	Weißglas-Gläser mit Schraubdeckel	
Getränke	Fruchtsäfte	Braun, Grün- und Weißglasflaschen, Saft-Boxen	Flaschen und 5-l-bzw. 10-l-Boxen
	Bier	Braunglasflaschen mit Kronkorkenverschluss, Dosen, Aluminiumfass	
	Wein	Glasflaschen mit Korken, Drehverschluss oder Glasstopfenverschluss	0,375/0,75/1-Liter-Flaschen, weitere Größen als Magnumflasche etc.
	Brände und Likör	Glasflaschen mit Korken, Drehverschluss oder Glasstopfenverschluss	0,04/0,1/0,2/0,35/0,5/ 0,7/1-Liter-Flasche

damit sie in Ihren Hofladen passt und für alle Kunden attraktiv ist. Entwickeln Sie ein Gespür für Ihr Angebot und die Nachfrage, die Ihre Kunden stellen, dann können Sie Ihr Angebot gezielt erweitern wenn es soweit ist.

Wie groß kann Ihr Angebot werden?

Ihr Hofladen sollte für Ihre Kunden „der" Hofladen sein. Spüren Sie Trends am Markt auf. Vielleicht gibt es neue Produkte, die in Ihrer Umgebung noch nicht bekannt sind? Oder erweitern Sie Ihr Angebot mit Spezialitäten aus anderen Betrieben. Informieren Sie sich durch eigene Marktforschung über die Marktnischen. Halten Sie die Augen offen und beobachten Sie Ihre Kunden und die Absatzzahlen. Welche Produkte kaufen sie regelmäßig, welche meiden sie? Machen Sie sich Notizen, wie das Kaufverhalten sich ändert. Daraus können Sie weitere Schritte ableiten.

Der Erfolg eines Hofladens lässt sich nicht in ein Raster pressen, welche Produkte nun gehandelt werden dürfen und welche nicht.

Kaufen die Kunden eher Trendprodukte bei Ihnen, dann können Sie auch die entsprechenden Produktlinien verstärken. Lassen Sie sich aber nicht in immer weitreichendere Produkte treiben, denn darunter leidet am Ende der Charakter Ihres Hofladens. Er sollte auf jeden Fall so gewahrt bleiben, dass die Kunden auch noch einen Bezug zu Ihren Produkten haben. Reißt dieser Bezug ab, dann besteht die Gefahr, dass die Kunden den eigentlichen Hofladen nicht mehr erkennen und sich anders orientieren. Ganz auf Zusatzsortimente können die wenigsten verzichten. Für das heutige Angebot reichen die Grundangebote nicht mehr aus. Daher sollten Sie sich immer überlegen, welche Zusatzangebote Sie hinzunehmen, um die Attraktivität des Ladens nicht zu verlieren.

6.4 Trendprodukte

Traditionsbetriebe können mit traditionellen Produkten genauso erfolgreich sein wie Trendbetriebe mit Trendprodukten. Grundsätzlich ist der Erfolg nicht von der Produktart abhängig, sondern von der Vermarktung.
Der Apfel ist nicht immer nur ein Apfel, sondern auch
- ein natürlicher Vitaminspender,
- ein gesunder Pausensnack,
- eine Energiebombe für zwischendurch,
- eine Wellnessfrucht,
- ein Paradiesapfel,
- eine verführerische Frucht,
- ein Liebesapfel,
- ein saftiges Erlebnis,
- ein Zauberapfel,
- ein Aromazauber.

Suchen Sie für Ihre Produkte innovative Begriffe. Alle die aufgeführten Begriffe stehen für das Produkt Apfel. Für eine Vielfalt von landwirtschaftlichen Produkten gibt es unzählige Synonyme. Diese Terminologie können Sie auch gezielt zur Bewerbung Ihrer Produkte einsetzen. Mit einer entsprechenden Wortwahl eröffnen Sie sich weitere Möglichkeiten, Ihr Produkt auch einem neuen Markt anzupassen und wieder aktuell zu sein. Worte erzeugen Bilder im Kopf. Damit kommen selbst Traditionsprodukte nicht aus der Mode und bleiben ewig jung. Wer ständig die Bewerbung seines Angebotes wechselt, ist auch fähig, sich dem Markt entsprechend anzupassen und auf der richtigen Welle zu schwimmen. Nehmen Sie Ihre eigenen Produkte und finden Sie passende Bezeichnungen, die im Trend liegen. Damit haben Sie einfach die Nasenspitze vorn. Verbraucher orientieren sich nicht nur an Produkten, sondern auch an deren Präsentation. Wenn Traditionsunternehmen seit über hundert Jahren erfolgreich Direktvermarktung mit einem Produkt betreiben, dann liegt das in der immerwährenden Anpassung des Produktes an den Markt.

Um Trends nicht zu verpassen, sollten Sie sich aus vielen unterschiedlichen Quellen darüber informieren, zum Beispiel über Fachmagazine, Tageszeitungen, Fachschulen, Messen, Ausstellungen, Betriebsbesichtigungen, Studienfahrten usw. Stellen Sie eine Liste von Informationen zusammen, die Ihre Produkte betreffen und werten Sie aus, welche Trends für Sie infrage kommen.

Vorsicht bei reinen Trendprodukten: Sie kommen irgendwann aus der Mode und werden zu Ladenhütern. Dann sollten Sie sie aus Ihrem Hofladen schleunigst verbannen.

Einige Beispiele für Trendprodukte:

Essig: Essig gibt es seit Tausenden von Jahren. Aber eben nur als Essig und damit nur als Speisewürze. Bisher betrachtete man daher dieses Produkt als Lebensmittel und als Haushaltsreiniger. Erst vor einigen Jahren entdeckten pfiffige Selbstvermarkter und Innovatoren den Essig wieder: Als saures Genussmittel sorgt er für neue Gaumenfreuden.

Rhabarber: Die früheren Rhabarberschnitten, ein getrocknetes Gemisch aus Rhabarbersaft und Zucker, erleben eine Renaissance in Form von Fruchtgummis aller möglichen Geschmacksrichtungen und Farben. Daraus entstand das Fruchtleder.

„Aufgesonnte" Äpfel: Das natürliche Phänomen, dass stellenweise beschattete Äpfel Aufhellungen hinterlassen, wird neuerdings bewusst zum Aufsonnen von Logos und Bildern genutzt, um mit den Äpfeln potenzielle Werbeträger zu erzeugen.

Flaschenformen

Flaschen: Typische Trendprodukte waren vor Jahren die mundgeblasenen Flaschen, die handgefertigt wurden und aus dünnem Glas bestanden. Sie waren sehr teuer, trotzdem wurden sie gekauft, und der Trend lief kurze Zeit später aus. Danach kamen bunt gefärbte Flaschen, die ebenfalls nachgefragt wurden, aber auch diese sind heute nur noch selten anzutreffen. Danach kamen wieder die klaren Flaschen, aber in vielen verschiedenen, teilweise bizarren Formen, die jetzt ebenfalls langsam wieder vom Markt verschwinden. Was die ganze Zeit über Bestand hatte, waren die schlichten schlanken Flaschen, die heute immer noch anzutreffen sind.

Neue Trends

Setzen Sie die Innovationsbrille auf und nehmen Sie die Marketinglupe zur Hand. Betrachten Sie Ihr Sortiment ehrlich.

- Welche Produkte fehlen in Ihrem Sortiment und warum?
- Welche Produkte sind einzigartig?
- Welche modernen Zusatzprodukte können Ihr Sortiment ergänzen?
- Welche neuen Produkte gibt es auf dem Markt?
- Nehmen die Kunden diese Produkte an?
- Werden landwirtschaftliche Produkte mit anderen Trends verknüpft (z. B. Obst im Wellnesstrend)?
- Welche Alternativen gibt es zu Ihren Produkten?
- Können Sie selbst neue Produkte generieren?

Sie können Körbe verkaufen...

...und Ihre Produkte in Körben verkaufen.

Nicht nur Veränderungen im Produktsortiment steigern den Umsatz, sondern auch Veränderungen im Marketing, Verkauf und Service.

Im Sortiment
- Welche Hauptprodukte bieten Sie an?
- Was können Sie als Zusatzprodukte oder Nischenprodukte anbieten?
- Wo zeichnen sich neue Trends ab?
- Was verkaufen andere Hofläden erfolgreich?

Beispiel 1:
Hauptprodukt Kartoffeln; Zusatzprodukte Zwiebeln, verschiedene Gemüsearten, Karotten, Haushaltsgeräte wie Kartoffelschäler

Beispiel 2:
Hauptprodukt Äpfel; Zusatzprodukte weitere Apfelsorten (Anbau oder Zukauf), andere Obstarten aus regionaler Herkunft

Beispiel 3:
Hauptprodukt Fleisch; Zusatzprodukte Gewürzmischungen
Beispiel 4:
Hauptprodukt Eier; Zusatzprodukte Nudeln, Teigwaren

Im Marketing
- Welche Möglichkeiten der Werbung bieten sich bei Ihnen an?
- Gab es schon einen Bericht in der Zeitung über Sie?
- Haben Sie schon Verkaufsaktionen gestartet?

Beispiele:
Regelmäßige Werbung im Amtsblatt, Beilage in Zeitungen oder Anzeigen zum Bewerben von Saisonprodukten (z. B. Spargel- oder Erdbeersaison), Kundenbriefe

Im Verkauf
- Welche Erwartungen hat der Kunde, wenn er bei Ihnen einkauft?
- Wie können Sie den Kunden dazu bringen, mehr zu kaufen?

Beispiel 1:
Dienst am Kunden: Sie räumen Regale um, damit der Kunde bei seinem Einkaufsweg an allen Waren vorbeikommt.

Beispiel 2:
Dem Kunden mit Flexibilität entgegenkommen: „Das gibt es nicht bei uns“ oder „So haben wir das nicht im Angebot“ sollte ersetzt werden durch „Das kann ich Ihnen gerne besorgen“ oder „Das werde ich mit ins Programm nehmen“.

Tipp:
Wenn der Kunde Ihren Hofladen betritt, hat er eine bestimmte Vorstellung von dem, was Sie anbieten. Daher ist es sinnvoll, zuerst jene Erzeugnisse anzubieten, die der eingeführten Produktpalette am nächsten sind.

Im Service
- Haben Sie Spielmöglichkeiten für Kinder am Hofladen?
- Haben Sie Sitzgelegenheiten für ältere Menschen?

Beispiel:
Stellen Sie einen Maltisch für Kinder auf.

6.5 Serviceleistungen

In den meisten Hofläden werden Produkte angeboten. Unter Umständen ist es eine interessante Idee, zusätzlich auch Dienstleistungen für Ihre Kunden anzubieten. Bei einem Fleischverkauf ab Hof kann sich die Vermietung eines Spanferkelgrills lohnen. Vielleicht können Sie zusätzlich Beilagen und Getränke liefern?

Sicherlich lässt sich in vielen Bereichen der Direktvermarktung der Verkauf eigener Produkte in Kombination mit einem sinnvollen Service anbieten.

Erweitern Sie Ihren Kundenservice, geben Sie Kunden Rezepte an die Hand, sprechen Sie Empfehlungen aus. Werten Sie Ihre Erkenntnisse aus: Wie hat sich das Kundenverhalten seit dem ersten Tag des Hofladens verändert, welche sind die neuesten Trends oder neue Produktformen? Verändern Sie alte Strukturen, die keinen Umsatz mehr bringen und nehmen Sie neue Trends auf. Mit solchen Überlegungen können Sie Ihren Hofladen auf dem aktuellen Stand halten.

6.6 Geschenkkörbe

Präsentkörbe sind ideale Geschenke für private Anlässe, aber auch für geschäftliche Feste und Jubiläen. Für Sie ist das eine gute Gelegenheit, eine Reihe von Produkten aus dem eigenen Sortiment zu präsentieren. Die Waren werden in Körben angeordnet und ansprechend dekoriert (z. B. mit Schleifen, Holzwolle, Pflanzen). Die Waren sollten nicht allzu schnell verderblich sein.

Geeignete Produkte für Geschenkkörbe sind

- Wurstwaren: Schinkenspeck, Hartwürste, Landjäger, Hausmacher, getrocknete und geräucherte Wurstwaren.
- Spezialitäten in Gläsern: Marmelade, Bärlauchpaste, Aioli, Pesto.
- Spezialitäten in Flaschen: Wein, Säfte, Brände, Essige, Öle.
- eingepackte Käsewaren: Camembert, Roquefort, Brie, Walnusskäse, Rauchkäse.
- Fischspezialitäten: geräucherte Fische aller Art in Folie eingeschweißt.
- Süßigkeiten: Schokolade, Marzipan, Bonbons, Pralinen, Nougat.

Achten Sie beim Befüllen der Geschenkkörbe darauf, dass die Etiketten der Waren gut sichtbar und lesbar sind. Es sollten sich auf jeden Fall mindestens drei (regionale) Spezialitäten im Korb befinden. Achten Sie auf Farbkontraste der einzelnen Produkte.

Zeigen Sie, dass Ihre Produkte prima Geschenkideen sind.

6.7 Verkaufsaktive und verkaufsbereite Ware

Mit der Präsentation Ihrer Erzeugnisse steuern Sie das Kaufverhalten der Kunden. Verkaufsförderung spielt wie in jedem Geschäft auch im Hofladen eine große Rolle, wenn es darum geht, neue, bisher unbekannte Produkte zu präsentieren. Dann können Sie die Ware verkaufsbereit oder verkaufsaktiv anbieten.

Verkaufsbereite Ware ist jegliche Art von Ware, die Sie sofort verkaufen können, unabhängig davon, wie Sie die Produkte anbieten. Verkaufsbereite Ware wird dann gekauft, wenn der Bedarf dazu vorhanden ist. Diese Ware liegt in Ihrem Hofladen und ist „bereit zum Verkauf". Äpfel im Kühllager und in einer Plastikschüssel vor dem Hoftor sind ebenfalls verkaufsbereite Ware.

Verkaufsaktive Ware wird im Gegensatz zur verkaufsbereiten Ware in einer ansprechenden Atmosphäre präsentiert. Hier erzeugen Sie Gefühle mit Licht. Verkaufsaktive Ware wird gekauft, weil sie richtig positioniert wurde – das erzeugt Kauflust. Rücken Sie die Produkte ins richtige Licht. Es bietet Anreize, Produkte zu probieren und zu kaufen (siehe auch Kapitel 5.3).

7 Werbung

Ihr Betrieb und Ihre Produkte brauchen Werbung. Sie ist das Instrument, mit dem Sie sich bei Ihren Kunden bekannt machen. Werbung hat einen großen Einfluss auf unser Kaufverhalten, auch wenn uns das nicht direkt bewusst ist.

Unter Werbung ist nicht nur die Zeitungs- und Anzeigenwerbung zu verstehen, sondern vor allen Dingen die **Mundpropaganda**. Sie ist das Ziel jeder Werbekette. Sie ergibt sich erst, wenn vorher schon kräftig die Werbetrommel gerührt wurde und anschließend die Kunden durch gute Leistungen des Hofladens begeistert wurden. Versetzen Sie sich in die Lage Ihrer Kunden. Informieren Sie sich, welche Interessen sie haben. Je besser Sie auf aktuelle Trends und auf Bedürfnisse Ihrer Kunden eingehen, desto größer ist Ihr Erfolg in der Werbung. Denn dann werden Sie von Ihren Kunden weiterempfohlen. Machen Sie sich diesen Effekt zunutze.

Beim Einkaufen spielt die **Psychologie** eine große Rolle. Durch gezieltes Ansprechen der menschlichen Sinne und des menschlichen Verständnisses machen Sie sich für Kunden interessant. Nutzen Sie daher psychologische Werbeerfahrungen. Dazu ein Beispiel: Oft zeigen die Uhren in Werbezeitungen die Zeit zehn nach zehn an. In der Werbebranche wählt man diese Uhrzeit, weil die beinahe symmetrische Anordnung der beiden aufstrebenden Zeiger für das Auge des

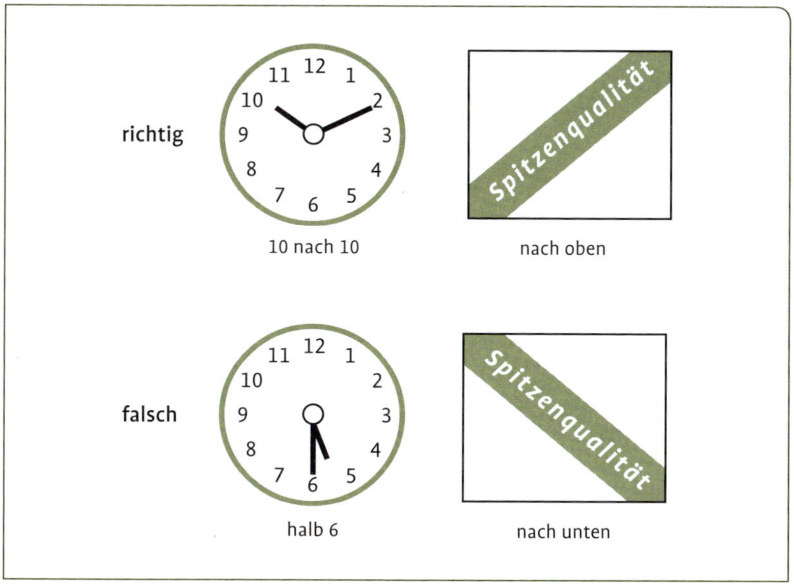

Werbung soll uns positiv stimmen: Uhren zeigen immer 10 nach 10 an, Schriftzüge verlaufen von links unten nach rechts oben.

Betrachters am gefälligsten ist und als sehr angenehm empfunden wird.

Anregende Werbung aktiviert zum Ausprobieren und zur Neugier. **Bestätigende Werbung** sagt dem Kunden, dass das, was er bereits gekauft hat, gut ist. Diese bestätigende Wirkung ist vor allem bei Produkten wichtig, die fortwährend angeboten werden.

Bei allen Werbeaktionen, die Sie planen, sollten Sie sich vor Augen halten, was Sie mit der Werbung eigentlich erreichen wollen. Dazu hilft Ihnen die Grundregel **AIDA**. Diese Buchstaben stehen für den systematischen Aufbau einer Werbeaktion:

Attention (deutsch: Aufmerksamkeit): Ihre Werbemaßnahme soll bei den Kunden sofort Aufmerksamkeit erzeugen.
Interest (deutsch: Interesse): Ihre Kunden sollen sich für die beworbenen Produkte interessieren.
Desire of possession (deutsch: Kaufwunsch, Besitzdrang): Ihre Kunden sollen den Wunsch entwickeln, Ihr Produkt zu erwerben.
Action (deutsch: Handlung, Aktion): Ihre Kunden sollen handeln: Eine Bestellung aufgeben oder das Produkt gleich kaufen.

Werbung unterliegt einer **Wirkungsphase**. Der Erfolg der Werbung stellt sich nicht sofort ein, das heißt, Ihre Kunden werden nach einer Werbeaktion nicht alle am nächsten Tag vor der Tür stehen. Werbung ist ein langfristiger, aber dafür kontinuierlicher Prozess.

7.1 Gute Werbung muss nicht teuer sein

Bei einer professionellen Werbeagentur zahlen Sie 1 % für den Entwurf und 99 % für die reichhaltige Erfahrung, die hinter diesem Entwurf steckt! Deshalb kostet Werbung Geld, manchmal viel Geld.

Nutzen Sie darum kleine Werbeagenturen, die sich noch im Aufbau befinden und gute Ideen haben. Hier können Sie jede Menge eigene Ideen einbringen, bekommen eine gute Beratung und können Geld sparen. Am günstigsten ist es natürlich, wenn Sie Ihre Werbeideen selbst umsetzen können.

7.2 Eigene Werbeideen entwickeln

Ihre eigenen Ideen sind die beste Grundlage für Ihre Werbung, denn Sie identifizieren sich mit Ihrem Betrieb. Sie zeigen Kreativität in Ihrem Beruf und können mindestens genauso kreativ bei der Entwicklung Ihrer Werbeideen sein.

Nach guter Werbung Ausschau halten
Halten Sie Ausschau nach interessanter Werbung. Damit erhalten sie kostenlose Ideen. Wenn Sie gute Werbung für Ihre Produkte machen wollen, müssen Sie Erfahrungen sammeln. Diese bekommen Sie aus den Tageszeitungen, dem Internet, Illustrierten, Wochenblättern oder Handzetteln. Wenn Ihnen eine Werbung ins Auge fällt, sollten Sie sich überlegen, was Sie daran besonders beeindruckt. Ist es die grafische Aufmachung oder eher der gut formulierte Text? Ist es die interessante Information oder die originelle Idee, die dahintersteckt? Sammeln Sie Ihre Eindrücke und formulieren Sie sie für die eigene Werbung um. Legen Sie sich ein Archiv von guten Werbeprospekten an und markieren Sie die Stellen, die Ihnen wichtig sind. Sie werden mit der Zeit eine ganze Menge Informationen und Ideen sammeln, die Ihnen zu den unterschiedlichsten Anlässen nützlich sind. Übertragen Sie kreative Werbung auf Ihre Produkte!

7.3 Nutzen statt Aufwand

Eine Anzeige muss nicht doppelt so groß sein, um doppelt so viele Kunden anzusprechen. Wichtig ist eine Werbung, die Aufmerksamkeit erzeugt und dem Kunden einen Nutzen bringt. Wenn der Kunde Ihrer Werbung wichtige Informationen entnehmen kann, wird seine Bereitschaft, bei Ihnen zu kaufen, entsprechend hoch sein. Doch überladen Sie die Werbung nicht, sie soll lediglich die Kunden zu Ihnen ins Geschäft bringen.

Nützlich ist die Werbung für die Kunden, wenn sie dabei einen Preisvorteil, die Zusicherung guter Qualität oder eines speziellen Services erkennen. Dabei helfen Ihnen Formulierungen wie

- „kostenlos“, „gratis“
- „10 % Ersparnis“
- „Keine Probleme mehr mit ...“
- „100 % Sicherheit“

7.4 Anlässe für Ihre Werbung

Werbung können Sie zu jeder Zeit machen. Effektiv ist es, einen Anlass zu nutzen, der ohnehin erhöhte Aufmerksamkeit findet. An Weihnachten zum Beispiel sind die Menschen offen für Produkte rund um den Festtagsbraten, am Valentinstag suchen Kunden nach einem originellen Geschenk für ihren Partner.

Zu diesen Anlässen können Sie effektiv Werbung machen:

- Betriebsjubiläum,
- Neu- oder Wiedereröffnung,
- Tag der offenen Tür,
- Saison für bestimmte Produkte,
- Besondere Tage (Valentinstag, Muttertag, Silvester),

- Festtage (Ostern, Pfingsten, Weihnachten),
- Urlaub oder Reise,
- Stadtfest,
- Markt,
- Messe.

7.5 Werbemedien

Wählen Sie die richtigen Werbemedien. Lassen Sie sich nicht von den Preisen der Werbeträger blenden, sondern überlegen Sie, welche Kontakte Sie damit machen. Entscheidend ist der sogenannte „Tausender-Kontakt-Punkt". Er besagt, wie viel Sie für tausend Berührungspunkte des Werbeträgers mit potenziellen Kunden bezahlen müssen. Dieser Wert macht den Preis für die einzelnen Werbemedien vergleichbar.

Anzeigenblätter

Anzeigenblätter finanzieren sich allein durch Anzeigen. Diese Werbeträger werden direkt per Post oder durch Austräger an die Haushalte geliefert und sind teilweise durch redaktionelle Berichte über lokale Gewerbetreibende ergänzt. Hier können Sie über eine Anzeige hinaus auch einen kleinen Beitrag zu Ihrem Hofladen veröffentlichen. Anzeigenblätter erreichen über 60 % der Bevölkerung.

So überfliegen Leser eine Werbeanzeige.

Die Vorteile der lokalen Angebotswerbung liegen in
- der kostenlosen Verteilung,
- der hohen Reichweite,
- der wöchentlichen Erscheinungsweise,
- der Eignung für aktuelle Angebote,
- der Eignung für kleinere Artikel.

Tageszeitungen

Werbung in Tageszeitungen kann kurzfristig geschaltet werden, ist allerdings von ebenso kurzer Dauer. Sie ermöglicht die Darstellung aktueller Angebote und ist regional oder überregional wirksam. Bei Lesern ab 40 Jahren wurde eine hohe Akzeptanz festgestellt, jugendliche Leser erreicht diese Werbung weniger. Wenn Sie mit einer Anzeige werben, kaufen Sie sich einen Platz in der Zeitung für die Tages- oder Wochenausgabe. Hier können Sie Ihr Angebot nach Ihren Wünschen gestalten und sich grafisch und textlich austoben. Bei der Anzeigenwerbung gibt es drei verschiedene Kriterien, die wichtig sind: Die Gestaltung, die Platzierung und die Größe.

Da Zeitungsanzeigen eine große Leserschaft ansprechen, sind sie auch relativ teuer. Deshalb sollten Sie sich vorher überlegen, welche Zielgruppe Sie mit der Anzeige ansprechen möchten. Denn für unterschiedliche Zielgruppen ist auch eine unterschiedliche Gestaltung notwendig.

Handzettel

Handzettel können Sie entweder direkt an Haushalte verteilen oder aber in Geschäften u. Ä. auslegen. Auch bei Handzetteln sind die Streuverluste sehr hoch, die niedrigen Gesamtkosten machen diesen Werbeträger aber interessant.

Wenn Sie Handzettel anfertigen, sollten Sie darauf achten, dass Sie
- die Blattgröße von DIN A4 oder DIN A5 nicht unterschreiten.
- eine ansprechende Blattfarbe verwenden, z. B. hellgelb, hellgrün, hellrot.
- höchstens zwei Schriftarten verwenden.
- Ihre Informationen übersichtlich auf dem Blatt anordnen.
- nicht jedes Detail aufschreiben.
- nicht Ihre Kontaktdaten vergessen (Name, Adresse, Telefon, Ort).
- Veranstaltungstermine einfügen.
- Ihre Zielgruppe direkt ansprechen und nicht universell schreiben.

Telefonbücher

Telefonbücher bieten hohe Kontaktzahlen und hohe Reichweiten und dienen durch ihre Nachschlagefunktion als langfristiges Werbemedium. Diese preiswerte Form der Werbung bietet aber keine Möglichkeiten für die Bekanntmachung aktueller Angebote. Für diesen Zweck eignen sich Adressbücher, in denen Sie mit langfristigen Angeboten auftreten können.

Außenwerbung
Etwa 85 % der Bevölkerung werden täglich mit Außenwerbung oder Plakatwerbung kontaktiert. Bei werbewirksamer Gestaltung kann damit hohe Aufmerksamkeit erzeugt werden. Allerdings ist die Aufnahmeintensität bei den Betrachtern eher gering und bei flächendeckenden Aktionen ist diese Form der Werbung sehr teuer.

Werbegeschenke
Kleine Werbegeschenke kommen bei Ihren Kunden immer gut an. Achten Sie aber darauf, dass Sie Werbeträger nutzen, die auch mit Ihrem Hofladen in Verbindung gebracht werden können wie kleine Holzbrettchen, auf denen der Name Ihres Hofladens gedruckt ist, kleine Rezepthefte oder kleine Erdbeeren oder Äpfel aus Stoff.

Eher ungeeignet sind die allseits bekannten Streichholzschachteln. Streichhölzer sind zwar nützlich, damit lässt sich aber nicht unbedingt ein Hofladen assoziieren.

Verpackungen
Verpackungen dienen dem Kunden als Transportmittel, Schutz vor Stößen und Verschmutzung. Sie als Direktvermarkter können bedruckte Taschen als Werbemittel verwenden. Zur Verpackung gehören
- Packmittel (z. B. Tragetaschen aus Stoff oder Hemdchentaschen, Papier),
- Packhilfsmittel (z. B. Folien und Klebebänder),
- Verzierung (z. B. Geschenkbänder und Dekoration).

Literarisches im Hofladen
Weiterhin gibt es sehr viel schöne literarische Texte zu Weihnachten, in denen Lebensmittel eine zentrale Rolle spielen:
- Nussknacker (Hoffmann von Fallersleben)
- Knecht Ruprecht (Theodor Storm)
- Punschlied (Friedrich Schiller)
- Metzelsuppenlied (Ludwig Uhland)
- Das Lied vom schlafenden Apfel (Ludwig Uhland)
- Der Bratapfel (unbekannter Verfasser)

7.6 Die Formulierung Ihrer Werbetexte

Werbetexte zu verfassen ist nicht immer ganz einfach. Versuchen Sie deshalb zu zweit oder zu dritt zu texten. Außenstehende können oftmals eher beurteilen, wie sie die Vorteile Ihres Betriebes am effektivsten darstellen.

Beim Werbetexten sollten Sie Ihre Informationen in eine für den Kunden verständliche Botschaft mit Wiedererkennungseffekt umwandeln.

Bevor Sie mit der Ausformulierung des Textes beginnen, sollten Sie alles aufschreiben, was Ihnen zu der Werbung, die Sie machen wollen, einfällt. Wichtig ist beim ersten Schritt, dass keine Idee verloren geht.

Zur Ideengenerierung können Sie sich ein paar Fragen stellen:
- Was würde den Leser ganz besonders freuen?
- Was würde den Leser brennend interessieren?
- Wen soll der Leser in mir erkennen?
- Wie kann er mein Angebot unter vielen anderen als besonders gut empfinden?
- Welche Ideen und kreative Aussagen unterscheiden mich vom Wettbewerb?
- Wo liegen meine außergewöhnlichen Stärken?
- Wie kann ich ein Aha-Erlebnis beim Kunden erzeugen?

Lesen Sie dann Ihre Notizen durch und markieren Sie alle interessanten und informativen Formulierungen, Schlagwörter und Folgerungen. Im nächsten Schritt formulieren Sie den Text, jetzt sollten alle wichtigen Formulierungen in den Werbetext einfließen. Wenn es Ihnen leichter fällt, können Sie den Text auch auf Kassette oder Diktiergerät sprechen und später aufschreiben.

Die Beantwortung folgender Fragen macht Sie darauf aufmerksam, auf was Sie bei Ihrer Werbung achten sollten:
- Was ist es, wofür geworben wird?
- Wer soll umworben werden?
- Wo soll geworben werden?
- Wann soll geworben werden?
- Welche Werbebotschaft soll verbreitet werden?
- Wie soll die Werbebotschaft verbreitet werden?
- Wodurch soll die Werbebotschaft gestreut werden?
- Welche Kosten werden anfallen?
- Wie kann die Werbewirkung kontrolliert werden?

Die Schlagzeile

Oftmals ist es schwierig, den richtigen Einleitungssatz für eine Anzeige zu finden. Sie können als Blickfang und Schlagzeile ein Problem oder ein aktuelles Thema ansprechen. Gehen Sie im Laufe des Textes dann auf die Antworten und Ihre Lösungen für dieses Problem ein. Sprechen Sie dabei immer die Sprache der Zielgruppe, die je nach Kundenkreis mal gediegen, mal modern sein kann.

- Vorteil für den Leser: „Jetzt können Sie einen neuen Geschmack kennenlernen".
- Zitat: „Alles neu macht der Mai! Genießen Sie unsere Frühjahrsangebote".
- Wissenswertes: „Wussten Sie schon, dass ...?"
- Wie 's früher war: „Früher wurden nur wenige Sorten angebaut. Heute dagegen haben wir eine Vielzahl von Apfelsorten im Angebot".
- Lob: „Karriere stärkt Ihr Selbstbewusstsein, unser Obst Ihre Gesundheit".
- Einmalige Gelegenheit: „Unsere ersten Sorten sind immer sofort ausverkauft. Sichern Sie sich jetzt ...".
- Bitte um etwas Zeit: „Geben Sie uns zwei Minuten Zeit und Sie werden wissen, warum unsere Äpfel etwas teurer sind ...".
- Hier sind 10 Gründe: „10 gute Gründe für Sie, in unseren Hofladen zu kommen".
- Einladung: „Wir laden Sie ein, bei uns eine neue Sorte kennenzulernen".
- Nominierung: „Wir freuen uns, Ihnen mitteilen zu dürfen, dass wir die diesjährige deutsche Kammerpreismünze in Gold gewonnen haben".

Geben Sie den Text an Bekannte weiter. Mit ihrer Hilfe können Sie Missverständnisse aufdecken oder fehlende Informationen ergänzen. Sie können Ihren Text auch erst einmal zur Seite legen und nach ein paar Stunden wieder lesen. Häufig fallen Fehler erst beim zweiten Durchlesen auf.

Ansprechende Formulierungen
Formulieren Sie Aussagen, die ansprechend sind. Manche Worte erzeugen negative Assoziationen. Genau das möchten Sie verhindern. Der Begriff „billig" kann beispielsweise bedeuten, dass ein Produkt günstig, oder aber, dass es minderwertig ist. Wählen Sie deshalb treffende, positive Bezeichnungen.

schlecht	besser
billiger Wein	günstiger Wein
geringe Qualität	einfache Qualität
gute Qualität	erste Qualität
altes Obst	reifes Obst
Produkt ist teurer	Preis liegt höher
ist trockener	ist nicht so saftig

Vermeiden Sie Fachbegriffe und Details

Bringen Sie leicht verständliche Worte und Sätze in der Werbung. Vermeiden Sie Fachbegriffe, die der Kunde nicht versteht. „Integrierter Pflanzenschutz“ oder „Schadensschwelle“ sind Begriffe, die nur Fachleuten bekannt sind. Sie in der Werbung zu verwenden, ist für die Kunden eher verwirrend, als dass es sie überzeugt. Wenn Ihnen bestimmte Begriffe wichtig sind, umschreiben Sie sie mit einfachen Worten, aber kurz und prägnant.

Details gehören ebenfalls nicht in die Werbung. Der Kunde möchte kurz und klar informiert werden. Machen Sie ihn neugierig, aber erzählen Sie keine Romane.

Konkretisieren Sie Ihre Aussagen

Konkretisieren Sie Ihre Werbeaussagen. Wenn Sie zum Beispiel schreiben, dass Ihre Produkte „nicht viel teurer“ geworden sind, dann ist das völlig subjektiv. Sie können passendere Aussagen treffen, wie jene, dass Sie die Preise angepasst haben.

Sprechen Sie den Kunden an

Rücken Sie den Kunden in den Vordergrund und sprechen Sie ihn direkt an. Bei der Aussage „ich biete Ihnen ...“ setzen Sie sich in den Vordergrund, aber die Aussage „Sie können bei uns kaufen“ wirkt auf den Kunden angenehmer, da er im Mittelpunkt steht. Vermeiden Sie „Ich“- oder „Wir“-Formulierungen. Der Kunde sollte sich in jeder Ihrer Werbungen wiederfinden.

Formulieren Sie anschaulich und freundlich

Formulierungen wie „Ab Montag der nächsten Woche begrüßen wir Sie herzlich, wenn Sie unsere ersten Äpfel frisch vom Feld probieren können“ wirken konkret, anschaulich und freundlich, im Gegensatz zu „Mitte nächsten Monats können Sie bei uns einkaufen“.

Spannungsbögen aufbauen

Die Kernaussage Ihres Werbetextes müssen nicht gleich am Anfang stehen. Der Leser kann dorthin geführt werden. Bauen Sie im Laufe des Textes einen Spannungsbogen auf und bringen Sie damit den Leser dazu, die ganze Werbung zu lesen. Wer spannend schreibt, macht neugierig.

Formulieren Sie beispielsweise so: „Sie wissen sicherlich, dass wir seit vielen Jahren ein breites Apfelsortiment haben. Jetzt möchten wir Ihnen mehr bieten. Seit zwei Monaten bieten wir Apfelsekt und Apfelessig aus eigener Herstellung an. Damit aber nicht genug! Auch Apfelsaft im neuen Bag-Box-System ist ab sofort bei uns erhältlich.“

Rhetorische Stilmittel nutzen

Mit den Möglichkeiten der Rhetorik und der Wortspielerei können Sie interessante Headlines und Slogans gestalten.

Aktive Formulierungen

Verwenden Sie Worte, die die Aktion, nicht die gute Absicht der Aktion in den Vordergrund stellen. Lassen Sie in der Werbung Hilfsverben wie „möchte“ und „würde“ weg.

- statt: „möchte ich Ihnen zusenden“
  besser: „sende ich Ihnen zu“.
- statt: „können wir Ihnen bieten“
  besser: „bieten wir Ihnen“.
- statt: „dürfen wir Ihnen helfen“
  besser: „helfen wir Ihnen“.
- statt: „würde ich Ihnen gerne zeigen“
  besser: „zeige ich Ihnen“.
- statt: „hätte ich Ihnen anzubieten“
  besser: „biete ich Ihnen an“.

Preise attraktiv darstellen

Wenn es um Preise geht, verwenden Sie bei Ersparnissen immer die größere Zahl: Falls die Ersparnisse unter 10 Euro liegen, sollten Sie sie in Prozentzahlen ausdrücken, zum Beispiel „Sie sparen 10 %“. Liegen die Ersparnisse über 10 Euro, verwenden Sie den Eurobetrag.

Bei Kosten gehen Sie umgekehrt vor und nehmen immer die kleinere Zahl, zum Beispiel „für nur 50 Cent pro Tag bleiben Sie gesund“ anstatt „ein Beutel Äpfel kostet 3 Euro“.

Unkomplizierte Formulierungen

Die Formulierungen Ihrer Werbetexte sollten so einfach wie möglich sein. Je komplizierter ein Text geschrieben ist, desto weniger weckt er das Interesse der Leser. Orientieren Sie sich deshalb an der KISS-Regel: **K**eep **i**t **S**imple and **S**tupid – texten Sie kurz und einfach.

Ersetzen Sie Texte durch Bilder, Bilder sagen oft mehr als tausend Worte und können zudem sehr platzsparend sein. Visualisieren Sie, so gut es geht. Der Leser kann ein Bild wesentlich schneller und besser aufnehmen als Text. Die folgende Auflistung zeigt, in welcher Reihenfolge Bilder betrachtet werden:

- farbig vor schwarz-weiß,
- warme vor kalten Farben,
- grelle Farben vor mittleren Farbtönen,
- große vor kleinen Bildern,
- runde Bilder vor rechteckigen,
- senkrechte Rechtecke vor waagerechten,
- Menschen vor Sachaufnahmen,

- viele Menschen vor wenigen,
- Portraits vor Ganzaufnahmen,
- Augen vor Portraits,
- Aktion vor Ruhe.

Tab. 4. Rhetorische Stilmittel mit Beispielen

Rhetorisches Stilmittel	Bedeutung	Beispiel
Allusion	Simple Aussage, die auf eine vorangegangene Situation anspielt.	„Die Folgen der Massentierhaltung sind bekannt"
Anapher	Wiederholung eines Satzteiles in mehreren aufeinanderfolgenden Sätzen	„Wir bieten Frische. Wir bieten Gesundheit. Wir bieten Meier-Obst"
Antonomasie	Durch einen besonderen Begriff wird eine Aussage relativiert.	„Hier schmeckt Fleisch wie Fleisch"
Asyndeton	Kette von Begriffen, die eine Verstärkung des Ausdrucks bewirkt.	„Saftig – Fruchtig – Gut"
Chiasmus	Zwei Aussagen, die im Gegensatz stehen und gegeneinander gekreuzt werden.	„Vitaminreich in der Schale – Gesund auf dem Tisch"
Ellipse	Eine Aussage wird auf eine offensichtlich vorliegende Situation nur auf ein paar Worte beschränkt.	„Auf geht's" „Je fruchtiger, umso besser"
Hyperbel	Bewusste Übertreibung, um einen Ausdruck zu verstärken.	„... es gibt tausend Gründe, gesunde Vitamine zu essen"
Ironie	Vom Gesagten ist genau das Gegenteil gemeint.	„Wir kümmern uns auch um Kleingemüse"
Kette	Eine überzeugende Aneinanderreihung mehrerer Sätze mit verbal logischem Aufbau	„Regen bedeutet Wasser, Wasser bedeutet Wachstum, Wachstum bedeutet Früchte"
Metapher	Ausdruck einer Aussage mit einer bildlichen Darstellung	„Mit Speck fängt man Mäuse" „Das Pferd von hinten aufzäumen"
Oxymoron	Bewusster, gegensätzlicher Ausdruck zweier Begriffe	„Kleiner Riese, wenn es darum geht, Energie zu spenden"
Personifikation	Eine Sache wird als Person dargestellt.	„Die Königin des Spargels"
Rhetorische Frage		„Haben Sie schon mal biologisch gefrühstückt?"

7.7 Die optische Gestaltung Ihrer Werbetexte

Nicht nur der Inhalt von Werbebotschaften ist wichtig, sondern auch die Schriftart vermittelt eine gewisse Botschaft. Diese Effekte sollten Sie unbedingt nutzen, denn Schriftarten erzeugen ebenfalls Stimmungen.

Schriftklassen

Für die Werbung stehen Ihnen grundsätzlich zwei verschiedene Schriftklassen zur Verfügung: mit und ohne Serifen. Schriftarten mit Serifen ergeben mit den Unterstrichen eine Linie und können daher besser gelesen werden. Bei größeren Buchstaben und wenig Text können auch Buchstaben ohne Serifen verwendet werden.

Hervorhebung einzelner Satzteile

Einzelne Schlagworte oder Satzteile lassen sich mit Fett- oder Halbfett-Schrift, Unterstreichungen sowie dem Buchstabenabstand hervorheben. Um gut lesbare Wörter zu bilden, ist der richtige Buchstabenabstand wichtig. Wählen Sie beispielsweise in einem Fließtext mit normalem Buchstabenabstand für hervorgehobene Aussagen einen etwas weiteren Abstand. Für Schlagzeilen ist auch ein etwas weiterer Abstand empfehlenswert als im darauf folgenden Text.

Schlagworte in Werbebotschaften

- Überzeugen Sie sich selbst
- Testen Sie kostenlos
- So sparen Sie X Euro
- Der Beweis:
- Wir haben etwas für Sie zurückgelegt
- mehr Gewinn
- Zeit sparen
- macht erfolgreicher
- unverbindlich prüfen
- kostenlos testen
- Hier Ihr Geschenk
- So war es bisher, so ist es heute
- Die einmalige Chance
- Hier bieten wir die Lösung
- Sonderangebot nutzen
- an Aktionen teilnehmen
- an Preisausschreiben teilnehmen
- mehr Persönlichkeit ausstrahlen
- immer aktuell sein
- mehr Lebensqualität

Schriftgröße

Schriftgrößen können Sie für Überschriften oder Untertitel, Angebote oder Aktionen verwenden, um sie vom Gesamttext herauszustellen. Verwenden Sie die Schriftgrößen aber in einer passenden Relation zueinander. Das heißt, höchstens 2 bis 6 Punkt Unterschied.

Schriftarten
Unterschiedliche Schriftarten bilden eine angenehme Abwechslung in der Werbung. Allerdings ist eine Verwendung von mehr als drei Schriftarten verwirrend und das Schriftbild wirkt unruhig. Schriftarten können auch zusätzliche Informationen vermitteln:

Sie können auf Weihnachtsfeiern hinweisen,
die Tradition Ihres Betriebes hervorheben,
Sie können feine Backwaren anbieten,
Sie können auf ein Kinderprogramm hinweisen,
Sie können Ihre selbstgekochte Marmelade bewerben,
SIE KÖNNEN SICH MODERN PRÄSENTIEREN,
SIE KÖNNEN AUF IHREM HOF AUCH PONYREITEN ANBIETEN

Farbausdruck
Jede Farbe besitzt eine eigene Ausdruckskraft. Wie die Schriftart eines Textes kann auch die Farbe eine Botschaft vermitteln, die Sie auch in Ihrer Werbung nutzen können:
- Grün: Ruhe, Natur
- Rot: Kraft, Energie, Temperament, Dynamik, Wärme
- Scharlachrot: Strenge, Tradition, Schwere, Königliches
- Rosa: Schüchternheit, Romantik, Zartheit, Liebe
- Braun: Festigkeit, Gesundheit, Leben
- Orange: Energie, Wärme, Großzügigkeit
- Blau: Entspannung, Tiefgründigkeit, Ruhe
- Gelb: Licht, Jugend, Lebhaftigkeit
- Violett: Geheimnisvolles, Rätselhaftes, Melancholie
- Schwarz: Trauer, Vornehmheit, Eleganz
- Weiß: Reinheit, Unerreichbarkeit, Schweigen

Entwicklung von Geschmack durch Farben
Farben können auch auf unsere Geschmackssinne wirken:
- Gelb, Grün: sauer
- Orange, Rot: süß
- Rosa: süßlich
- Blau, Braun, Violett: bitter
- Grau: salzig

7.8 Ihr Hofprospekt

Der Hofprospekt gehört neben der Mundpropaganda zu den wichtigsten Werbemitteln. Aber nur, wenn er gut gemacht ist. Untersuchungen haben gezeigt, dass der Betrachter eines Prospekts innerhalb von 20 Sekunden entscheidet, ob er ihn für interessant oder uninteressant hält und wegwirft.

Der Prospekt ist die Visitenkarte Ihres Betriebes. Mit einem Prospekt haben Sie zum einen die Möglichkeit, Neukunden zu gewinnen, zum anderen Kunden, die bereits bei Ihnen einkaufen, zu binden. Prospekte dienen den Kunden als zusätzliche Berater und erleichtern damit die Kaufentscheidung. Zur Gewinnung von Neukunden und zur Kundenbindung eignen sich vor allem Einladungen zu Probieraktionen oder zu Kennenlernangeboten.

Grundsätzlich sollte Ihr Prospekt Folgendes enthalten:
- Name und Anschrift Ihres Betriebes,
- Ihr Logo,
- Angebote,
- Preislisten,
- Serviceleistungen,
- bei abgelegenem Standort Lageplan oder Anfahrtsskizze.

Mit diesen zusätzlichen Informationen machen Sie sich bei den Lesern interessant:
- Ihre Betriebsphilosophie,
- eine Beschreibung Ihres Unternehmens,
- die Präsentation Ihrer Produkte,
- Verordnungen oder Gesetze, die Sie bei der Herstellung Ihrer Produkte befolgen, um für gute Qualität zu sorgen (z. B. Bioverordnung für ökologische Produkte),

Checkliste Werbetexte

Wenn Sie Ihren Werbetext verfasst haben, können Sie ihn auf Folgendes hin prüfen:
- Enthält die Werbung Neuigkeiten für den Leser?
- Sagen Sie dem Leser etwas in einer gewissen Einmaligkeit?
- Macht schon der erste Satz Lust zum Weiterlesen?
- Hat die Werbung auch einen werbewirksamen Inhalt oder besteht sie nur aus Füllwörtern?
- Ist die Werbung knapp, aussagekräftig und interessant oder langatmig und leer?
- Sind alle notwendigen Informationen enthalten?
- Vermeiden Sie abgedroschene Floskeln?
- Gibt es für den Kunden einen Anreiz, die Inhalte der Werbung umzusetzen?
- Enthält die Werbung Aufforderungen oder nur Feststellungen?

Überprüfen Sie bei der Gestaltung Ihrer Werbung auch immer das Gesamtbild und wie es auf Sie wirkt. Manchmal ist es nur ein einziges Wort, das ohne weiteres hinzugefügt, ersetzt oder gestrichen werden kann, um das gewisse Etwas der Werbung umzusetzen.

Beispiel für den Prospekt einer Brennerei

- Betriebsphilosophie,
- Beschreibung der Edelbrände,
- allgemeine Beschreibung der Herkunft der Früchte,
- Trinktemperatur von Edelbränden,
- Unterschied Edelbrände, Geiste, Liköre,
- Angebot von Brennereiführungen,
- Geschichte der Brennerei,
- Preisliste der Edelbrände.

Wegen den allgemeinen Angaben wurde diese Preisliste von etwa 60 % der Kunden aufgehoben und damit eine stärkere Frequentierung der Brennerei erzielt.

Textgestaltung und optische Aufmachung

Für die Formulierung des Textes und die optische Aufmachung des Prospekts gelten die gleichen Grundsätze wie für die Anzeigenwerbung. Sammeln Sie auch Prospekte von anderen Hofläden, um neue Ideen für die eigene Gestaltung zu bekommen, oder um zu prüfen, was Sie besser machen können. Ist Ihr Kundenkreis anspruchsvoll, wählen Sie eine elegante und exklusive Aufmachung der Prospekte.

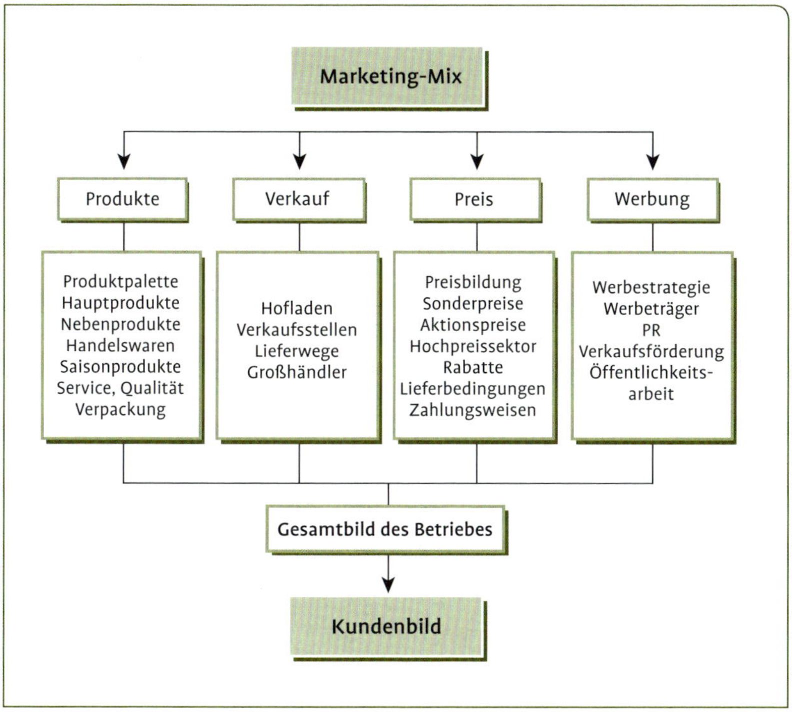

Nutzen Sie den Marketing-Mix für Ihren Erfolg, es lohnt sich für Sie, wenn Sie Zeit investieren und sich die Grundlagen des Marketings aneignen. Marketing ist nicht nur Werbung, sondern ermöglicht Ihnen, marktgerecht zu agieren.

Grundsätzlich gilt:
- Überladen Sie den Prospekt nicht mit Informationen,
- gestalten Sie die Seiten übersichtlich,
- zeigen Sie einen möglichst hohen Nutzen für die Leser,
- lockern Sie den Text mit Grafiken und Zeichnungen auf,
- passen Sie die Inhalte Ihrer Zielgruppe an.

7.9 Marketing-Mix

Schalten Sie eine Anzeige einmal im Jahr, wird die Resonanz darauf entsprechend niedrig sein. Versuchen Sie daher, über mehrere Kanäle zum Kunden zu gelangen. Dieses Instrument nennt man Marketing-Mix. Der Marketing-Mix ist die Kombination verschiedener Marketingmaßnahmen. Stellen Sie sich vor, Sie bekommen einen Werbebrief eines Unternehmens. Noch am gleichen Tag lesen Sie in der Zeitung einen Bericht über dessen Firmenphilosophie und in der Woche darauf ist eine Anzeige in der Zeitung, die einen Tag der offenen Tür bewirbt. Ihre Bereitschaft wird entsprechend hoch sein, dieses Unternehmen zu besuchen. Der Einzelne wird zwar entscheiden, ob ihn das Thema und die Produkte interessieren oder nicht, aber tendenziell haben können Sie mit einem geschickten Marketing-Mix die Kundenzahl steigern.

8 Internet-Werbung

8.1 Gestalten Sie Ihren Internetauftritt

Ein unverzichtbares Medium ist in der heutigen Zeit das Internet. Ob in Form von einer informativen Website, einem Webshop oder einer „Visitenkarte“. Im Internet ist eine Präsenz heute eine wichtige Voraussetzung, um seine Produkte zu vermarkten.

Das Internet bietet schnelle und aktuelle Informationen über die Angebote und genügend weitere Informationen des Betriebes. Es bietet weiterhin die Möglichkeit, kostengünstig, schnell und umfangreich das eigene Unternehmen zu präsentieren. Darüber hinaus können die einzelnen Produkte wirkungsvoll präsentiert und detailliert beschrieben werden, sodass der Kunde jede Informationstiefe der Produkte oder Dienstleistungen recherchieren kann. Das Internet hat sich aus diesem Grund als das wichtigste Informationsmedium etabliert, das in der modernen Gesellschaft nicht mehr wegzudenken ist. Betriebe und Unternehmen jeder Größe können sich dort in jeder Größe präsentieren und darstellen, unabhängig von Öffnungszeiten und Erreichbarkeit.

Das Erstellen einer Website ist heute ohne großen Aufwand möglich. Neben professionellen Webseiten-Anbietern bieten auch viele kleine Unternehmen das Erstellen einer Webseite oder eines Internetshops für jeden Geldbeutel an. So können Sie je nach Geschick und Zeitaufwand eine umfangreiche Präsentations- und Verkaufsplattform schaffen, auf der Sie das aktuelle Produkt präsentieren können. Durch das Vernetzen der Internetseiten untereinander ist eine Integration von anderen Anbietern möglich.

Wer erstellt die Website?
Wer die Website erstellt, ist letztendlich eine Frage der Zeit, des Geldes und des Umfangs. Da die Produktion und die Vermarktung der eigenen Produkte in der Regel ein tagesfüllendes Programm ist, bleibt wenig Zeit für die Einarbeitung, Erstellung und Pflege der Internetplattform. Wer ein umfangreiches und zeitintensives Portfolio als Angebot hat, sollte einen Dienstleister mit dem Erstellen und der Pflege der Website beauftragen. Möchten Sie hingegen die Website selbst erstellen, können Sie sich bei verschiedenen Anbietern die Software zur Erstellung einer Website besorgen und den Internetauftritt selbst in die Hand nehmen. Diese Programme sind selbsterklärend und mit etwas Geschick sind Sie in der Lage die Internetpräsenz zu erstellen und zu pflegen.

Dazu benötigen Sie in der Regel keine großen Programmierkenntnisse, dennoch sollten ein paar Grundkenntnisse im Umgang mit dem Computer vorhanden sein.

Wie beginne ich mit der Website?
Der Besuch einer Website im Internet sollte vor allem zwei Dinge erfüllen. Informativ sein und schnelle Zielführung für den Besucher bieten. Eine informative Struktur sollte die wichtigsten Informationen ohne große Umwege schnell auffindbar machen. Mit ein oder zwei Mausklicks sollten die Besucher durch eine schnelle Zielführung auf der gewünschten Zielseite sein. Das setzt natürlich voraus, dass Sie Ihre Struktur im Vorfeld planen sollten.

Die Hauptseite sollte die wichtigsten Bereiche Ihres Hofladens – auch gerne in grafischer Form – beinhalten, sowie schnell auf Ihren Computer geladen sein.

Die „Startseite“
Überladen Sie Ihre Startseite nicht durch Intros mit langer Ladezeit. Das interessiert den Besucher sehr wenig. Vielmehr sollten Texte und kleine Bilder verwendet werden. Die sind schnell geladen und geben einen ausreichenden und übersichtlichen Überblick über das, was die Kunden von Ihrem Angebot interessiert.
Auf dieser Seite sollten auch gleich die Menüpunkte zu den wichtigsten Seiten aufgeführt sein:
- „Über uns“
- „Angebot“
- „Kontakt“
- „Preisliste“
- „Bestellungen“
- „Öffnungszeiten“

Wichtige Menüpunkte:
- Impressum
- Kontakt
- Sitemap

Es gibt vier Schritte, die Sie bei der Erstellung und dem Betreiben einer Website beachten müssen:
- Vermarktungskonzept für die eigenen Produkte entwerfen.
- Erstellen der Website in übersichtlicher Form.
- Eintrag in Suchmaschinen und Printmedien zur Steigerung des Bekanntheitsgrades.
- Pflege der Website, Aktualisierung.

8.2 Erstellen einer Website

Folgendes sollte Ihre Webseite enthalten:
- Anschrift und Adresse des Produktionsbetriebes und Hofladens,
- Anschriften von Wiederverkäufern und Filialen,

- Verlinkung mit Ihren Seiten in anderen Netzwerken (Facebook, Twitter, Partnerseiten),
- Anfahrtsbeschreibung und GPS-Koordinaten (vor allem bei Verkaufsstellen außerhalb von Ortschaften), Routenplaner,
- Übersicht über den Produktionsbetrieb (Größe, Anbaufläche, Gründungsjahr),
- Unternehmensdarstellung, Betriebseigentümer, Geschichte, Betriebszweige,
- Produkte (eigene Produkte, Produkte von Partnerbetrieben, Zusatzprodukte),
- Öffnungszeiten,
- Hoffest-Termine, Aktionstermine, lokale Festtermine.

Webseite-Pflege
- Aktualisieren Sie die Website mindestens einmal wöchentlich.
- Stellen Sie Bilder von den letzten Veranstaltungen ein.
- Belassen Sie generell die Grundstruktur Ihrer Website, Ihre Kunden sollen sich mühelos zurechtfinden.
- Kündigen Sie neue Produkte und Termine frühzeitig an.

8.3 Eintrag in Suchmaschinen

Ihre Seite müssen Sie einer möglichst breiten Öffentlichkeit in Form von Sucheinträgen oder Verlinkungen mit anderen Seiten zugänglich machen. Das können Sie mithilfe von Sucheinträgen in die gängigen Suchmaschinen und in Nutzerportalen erreichen.

Wahl der richtigen Suchbegriffe
Damit Ihre Seite für Suchmaschinen an Attraktivität gewinnt, muss sie bekannte Begriffe enthalten. Ebenso sollten Sie regionale und je nach Ortslage auch überregionale Begriffe, Orte, Festivitäten, Touristenattraktionen und Spezialitäten erwähnen.

Weitere Möglichkeiten für die Optimierung der Internetsuche finden Sie in entsprechenden Seiten im Internet unter den Suchmaschinen. Eventuell können Sie auch kostenpflichtige Suchmaschinen-Optimierungen nutzen.

8.4 Kundenpflege

Neben der allgemeinen Kundenansprache im Netz gibt es noch die individuelle, persönliche Kundenansprache.

Dazu benötigen Sie die Adressen der Kunden und deren E-Mail, die Sie im Zuge von Kundenkontakten erfragen können und darauf hinweisen, ob ein Newsletter für die Kunden infrage kommt.

9 PR und CI

Was ist PR?
PR steht für Public Relations und beschreibt Ihre „Beziehung zur Öffentlichkeit". Die PR gilt als eine der wichtigsten Stellschrauben für Unternehmenserfolg. Es geht dabei um Imagepflege, um das Bild, das die Öffentlichkeit von Ihrem Betrieb hat. Mit Werbung schaffen Sie Kaufreize für einzelne Produkte, mit PR-Maßnahmen erreichen Sie, dass Ihre Kunden sich mit Ihrem gesamten landwirtschaftlichen Unternehmen identifizieren. Veranstalten Sie Vorträge, Seminare und vielleicht ein Hoffest und geben Sie Ihren Kunden damit die Möglichkeit, sich als einen kleinen Teil Ihres Unternehmens zu sehen.

Was ist CI?
CI steht für Corporate Identity und beschreibt Ihre „Firmen-Identität". Das Herz der CI ist die Unternehmensphilosophie. Welche Werte sind Ihnen wichtig, warum haben Sie einen Hofladen? Welche Grundsätze begleiten Sie bei Ihrer Arbeit? Veranstalten Sie Vorträge, Seminare und vielleicht ein Hoffest. Zeigen Sie Ihren Kunden, wer Sie sind und wofür Sie stehen.

Etiketten
Etiketten verleihen den Produkten ein unverwechselbares Erscheinungsbild und beeinflussen maßgeblich die Kaufentscheidung der Kunden. Gestaltung und Etikettenqualität definieren nicht nur den Wert der Produkte, sondern auch den Preis. Sie sind nicht nur Informationsträger, sondern müssen auch den gesetzlichen Kennzeichnungspflichten entsprechen.
Eine effektive Etikettierung zieht sich mit einem durchdachten Etikettenkonzept über die gesamte Produktpalette. Dies spart nicht nur Etikettenkosten, sondern vereinfacht auch das gesamte Handling.
Für die Gestaltung Ihrer Etiketten können Sie selbst Ideen einbringen, einen Grafiker zu Rate ziehen oder Ihren Etikettenhersteller ansprechen. Für ein breites Sortiment bieten sich auch fertige Layout-Etiketten zum Selbstbedrucken mit Thermotransferdrucker an.

10 Projektmanagement

Die Planung eines Hofladens sowie die Einführung einer neuen Produktlinie im Hofladen unterliegen der Projektplanung. Durch ein entsprechendes Projektmanagement können viele grundlegende Fehler vermieden, Risiken eliminiert und Chancen erkannt werden.

Die Strategie des Projektmanagements sollten Sie für jedes Projekt Ihres Hofladens beherzigen, auch wenn es sich um ein einzelnes, neues Produkte handelt. Mit kleinem Zeitaufwand können Sie an dieser Stelle große Risiken ausschließen.

10.1 Die einzelnen Schritte im Projektmanagement

Wenn Sie ein neues Projekt beginnen, dann haben Sie es mit der komplexen Struktur zu tun, in die Ihren Betrieb eingebettet ist. Es gibt verschiedenste Auflagen und Verordnungen, Behördengänge sind zu erledigen und Fristen eingehalten werden. All diese Arbeitsschritte sollten Sie in Ihrem Zeitplan sinnvoll kombinieren.

10.2 Die Projektplanung

Die Strategie eines professionellen Projektmanagements garantiert Ihnen bei einer Neuplanung in jedem Ihrer Bereiche terminliche, finanzielle und produktseitige Überwachung und Planung des Hofladens. Ähnlich wie beim Hausbau ermöglicht Ihnen das Aufstellen eines Projektplanes gleichzeitig einen festen Ablaufplan für die wichtigsten Rahmenfaktoren. Sie wissen dann zu jedem Zeitpunkt, was Sie als nächstes zu tun haben.

Daher sollte jede Idee in diesen strukturierten Plan eingepackt werden. Dann können Sie Lücken erkennen, notwendige Arbeitsschritte rechtzeitig eintackten, wichtige Dokumente bei den Ämtern fristgerecht einfordern und abgeben. Beispielsweise unterliegen Hygiene- und Verarbeitungsmaßnahmen umfangreichen Gesetzen und Sie sollten darauf achten, diese Maßnahmen fristgerecht und gesetzeskonform anzumelden.

Sinn und Zweck eines Projektplanes ist es, alle Ideen zu ordnen und mit den wichtigsten Rahmenbedingungen zu verknüpfen, die Kosten realistisch zu ermitteln und den zeitlichen Rahmen festzulegen. Wenn dieser Plan steht, haben Sie einen exakten Überblick und der verschafft Ihnen entsprechenden Freiraum, die Ideen nach Ihrem Geschmack umzusetzen.

10.3 Wichtige Punkte bei der Planung

Projekte und Ziele definieren

Projekte beinhalten eine Reihe komplexer teilweise auch neuer Aufgaben und schwer kalkulierbare Risiken. Erfahrungsgemäß wartet auch während des Projektverlaufs die ein oder andere Herausforderung auf Sie.

Sie sollten natürlich das große Endziel Ihres Projektes stets im Auge haben, aber auch eine ganze Reihe wichtiger Zwischenziele, sogenannte Meilensteine, mit Terminen belegen. Meilensteine ermöglichen Ihnen, Verzögerungen im Zeitplan auszugleichen und bei Kostenüberschreitungen schnell reagieren zu können.

Projektrahmen

Es gibt drei wichtige Ziele im Projektmanagement:

- Zeitfaktor,
- Finanzrahmen,
- Projektziel.

In jedem Projekt ist eine entsprechende Planung dieser drei Bereiche unabdingbar, denn oft bestimmen sie den kritischen Pfad. Unvorhergesehene Folgen, die planbar gewesen wären, können Kosten in schwindelnde Höhen treiben, ungenügende Vorbereitung Qualtätsverluste generieren und anhaltenden Imageschaden verursachen. Sie sollten sich daher aneignen, für jede Veränderung Ihres Betriebes, ie ein Teil Ihrer zukünftigen Existenz sein soll, eine Planung durchführen. Das Projektmanagement soll Ihnen helfen, Kosten und Zeiträume so zu planen und das Projekt so abzuarbeiten, dass die laufenden Arbeiten im Betrieb möglichst wenig beeinflusst werden, das Ziel schnell und sicher erreicht wird, die Kosten im Rahmen bleiben und die Risiken überschaubar sind.

Sie sollten daher:

- Beteiligte über Nutzen und Ziele des Projektes ausreichend informieren.
- Aufgaben wohlüberlegt verteilen und delegieren: Sie können unmöglich alles alleine stemmen.
- Verantwortungen aufteilen.

Die Projektorganisation ist ein Teil Ihrer Arbeitszeit, die Sie investieren müssen. Aus der bisherigen Erfahrung wissen Sie, auf welche Faktoren es bei Ihnen ankommt.

In Ihrem Projektplan legen Sie auch fest, wie hoch die geschätzten Gesamtkosten und die Kosten für die Arbeit sind und wie der Ressourcen- und Zeitplan aussieht.

Rollenverteilung
Sie als Projektleiter übernehmen neben der Koordination auch die Verantwortung für Ihr Projekt. Finanzierung, Behördengänge, Wahrung des rechtlichen Rahmens und die Einhaltung des zeitlichen Rahmens liegen in Ihren Händen. Dabei gilt es zu beachten, dass eine noch so gute Planung bei Neuprojekten immer auch alternative Teillösungen und manchmal einfach einen „Plan B" verlangt. Wenn Sie ein realistisches Projektmanagement haben, können Sie die möglichen Auswirkungen einer Planänderung absehen und sind flexibel.

Abhängigkeiten festlegen
Kein Projekt ist ohne Vernetzung denkbar. Das bezieht sich auf Mitarbeiter, Behörden, Verbände, Zulieferer, Banken, Internetpräsenz und nicht zuletzt die Kunden. Auch innerhalb des Projektes ist für jeden Arbeitsschritt einen Vernetzung notwendig.

Projektmeetings organisieren
Auch hier sollten Sie rechtzeitig festlegen, wann Sie sich mit den beteiligten Personen zum Gespräch zusammensetzen.
Wo stehen die Arbeiten zurzeit? Was wird in der nächsten Zeit fertig?
Was ist noch offen? Wo sind Risiken und offene Fragen?
Was soll (muss) in der nächsten Zeit fertiggestellt und abgeklärt sein, welche Dokumente müssen noch besorgt werden?

Kostenplan erstellen
Der Kostenplan setzt sich aus den Einzelkosten zusammen. Dafür ist es wichtig, möglichst genau die einzelnen Arbeitsschritte zu kennen und mit Kosten zu beziffern.

Zeitplan erstellen
Niemand will ewiglich planen. Produkte, Produktlinien oder neue Gebäude bewegen sich je nach Größe zwischen ein paar Wochen und ein oder zwei Jahren. Ziel ist es mit einem Projektplan a) so früh wie möglich mit der Umsetzung zu beginnen und b) so schnell wie möglich das Projekt zu beenden bzw. den günstigsten Zeitpunkt zu treffen. Für die Umsetzung sollten Sie sich einen Zeitplan erstellen, in dem Sie festlegen, wann das Projekt abgeschlossen sein soll.

Zeit- und kostenkritische Faktoren ermitteln
Zeit- und kostenkritische Positionen sollten Sie eine besondere Beachtung schenken. Dazu gehören Arbeiten, die im Vorfeld schon als kritische Faktoren zu bewerten sind, z. B. Genehmigungen (können lange dauern), Außenarbeiten (witterungsabhängig), schwer kalkulierbare Arbeiten (ungenaue Kostenschätzung), aber auch unerwartete Projek-

trisiken wie Lieferverzögerungen, Ausfall von Arbeitskräften, unzuverlässige Zuarbeiten.
Angestrebte Zwischenziele festhalten, evtl. Einplanen von Installationen für zukünftige Konzepte:
- Langfristige Zielsetzungen definieren.
- Umsatzzahlen zur Kostendeckung festlegen.
- Projektrollen verteilen (Fremdfirmen für Bau, Installation, Einrichtung, Familienmitglieder für Behördengänge, Produkteinkauf, Logistik).

Der „kritische Pfad“
Bei der Planung und auf dem Weg zur Umsetzung Ihrer Ideen zeigt sich, wo und wann es Schwierigkeiten und Probleme auf dem Weg zum fertigen Angebot gibt. Da es nicht immer nur die Investitionen sind, nicht immer die Zeit oder nicht immer die Produkte selbst, gibt es in der Projektentwicklung den „kritischen Pfad“. Er kennzeichnet den Parameter aus, der zu einer bestimmten Zeit eines Projektes darüber entscheidet, welcher Faktor das Projekt verzögern, stoppen oder sogar scheitern lassen kann. Die wichtigsten Faktoren sind:
- kritischer Zeitfaktor,
- kritischer Qualitätsfaktor,
- kritischer Kostenfaktor.

Welcher davon nun die höchste Priorität hat, ist von Ihnen und von der jeweiligen Aufgabe abhängig. Für den Aufbau einer saisonal eingesetzten Anlage, z. B. neuen Verarbeitungsmaschine für Spargel, wird der Zeitfaktor eine große Rolle spielen, für die Ausstattung eines Hofladens der Qualitätsfaktor wichtig sein und für den Einkauf von Baumaterialien der Kostenfaktor eine Rolle spielen. Das heißt nun nicht, dass die anderen beiden Faktoren jeweils zurücktreten, sondern vielleicht nur eine winzige Spur zurückstehen und damit an Wichtigkeit so gut wie nichts einbüßen.

10.3.1 Projektbeispiel Hofladen
Wenn Sie sauber planen, haben Sie schon viel gewonnen. Nehmen Sie sich Zeit, denken Sie in Ruhe nach und fragen Sie Experten um Rat. Wenn Sie gut planen, haben Sie Ihr „Projekt Hofladen“ im Griff und können sich darüber freuen, dass Sie Schritt für Schritt vorankommen.

Baumaßnahmen: Auch wenn Sie schon Räume haben, in denen Ihr Hofladen entstehen kann, kommen Um- und Neubauarbeiten auf Sie zu. Vielleicht ziehen Sie neue Wände ein, streichen große Flächen, verlegen neue Stromkabel und Wasserleitungen, entscheiden sich für neue Fenster oder bauen einen Raum zum Lager oder zur Wurstküche um. Planen Sie so genau Sie können.

Checkliste Projektplanung					
Arbeitsschritt	**To do**	**Kosten**	**Dauer**	**Termine**	**Wer ist zuständig?**
Inneneinrichtung Verkaufsraum Bodenbelag Regale Fenster Türen Kassenbereich Obst-/Gemüsetheke Laufwege für Kunden und Personal Kinderspielecke/Bank zum Ausruhen	Platzbedarf ermitteln, Ladenbild Planen, Material, Stil und Farben festlegen und bestellen, ggf. Handwerker beauftragen				
Werbemaßnahmen	Homepage erstellen, Anzeigen schalten, Schilder/Wegweiser/Flyer entwerfen				
Strom-/Wasserversorgung Beleuchtung Wasseranschlüsse Kühlelemente	Steckdosen, Lichtschalter, Türklingel, Bewegungsmelder, Starkstromleitungen planen, Kabel verlegen, Wasserversorgung planen (für alle Räume)				
Lager	geeignete Ausstattung wählen (Hochregale/Paletten/Kühlkammer)				
Verarbeitungsraum	geeignete Ausstattung wählen (Edelstahl, Fliesen)				
Außenbereich Parkplätze Zufahrt	behindertengerecht, kinderwagengeeignet planen und befestigt anlegen, evtl. auch für Lieferanten				

Kosten: Vergessen Sie nicht, Ihre eigene Arbeit zu honorieren. Auch wenn Sie viele Arbeiten selbst erledigen entstehen Kosten, denn Sie könnten in dieser Zeit auch andere Dinge tun (= Opportunitätskosten)
Spezialisten: Beauftragen Sie Profis mit einzelnen Arbeitsschritten, für Sie bleibt garantiert genug Arbeit übrig.

Holen Sie sich einen Architekten ins Boot, eine Person „vom Fach" kann Ihnen wertvolle Tipps geben, Sie können Zeit und Geld sparen.

Erkundigen Sie sich rechtzeitig bei den zuständigen Behörden, Banken und Genossenschaften nach Vorschriften und Gesetzen, beispielsweise für Baumaßnahmen, Steuerverordnungen, Verarbeitungs- und Hygienevorschriften, Regeln für die Arbeitssicherheit.

11 Kunden im Hofladen

Wer Direktvermarktung erfolgreich praktizieren will, der sollte sich mit Menschen beschäftigen. Wer mit seinen Kunden gut umgehen kann, der wird auch mit seinem Hofladen erfolgreich sein. Jedes Kundengespräch hat Einfluss auf Ihren Gewinn. Ihre Kunden sind es, die die Mundpropaganda betreiben und ihre Verwandten und Freunde in Ihren Laden schicken. Die Kunden sorgen für Ihr Image. Die Frequentierung Ihres Hofladens spricht für die Qualität Ihrer Produkte. Kundenverlust aufgrund von Unwissen über Kundenverhalten und Menschentypen ist ärgerlich.

11.1 Prioritäten beim Einkaufen

Nicht alle Kunden sind gleich, Kunden haben unterschiedliche Prioritäten beim Einkaufen. Nach diesen Prioritäten bestücken sie ihren Einkaufskorb.

Höchste Priorität hat der Einkauf solcher Waren, die auf dem Einkaufszettel stehen. Dazu werden Geschäfte gezielt angefahren, um bestimmte Produkte zu kaufen (z. B. Fleisch, Obst, Wein). Zweite Priorität haben Waren, auf die die Kunden Lust haben. Diese Produkte stehen nicht unbedingt auf der Einkaufsliste, aber wenn man schon mal da ist, werden sie auch eingekauft. Dritte Priorität besitzen Waren, die neu sind und die die Kunden aus Interesse gerne ausprobieren möchten. Hier wird der Kauf vor Ort entschieden. Solche Waren sind nicht in der Einkaufsplanung vorgesehen. Machen Sie sich alle drei Prioritäten zunutze, damit die Kunden nicht nur das einkaufen, was auf der Einkaufsliste steht.

Maslow's Pyramide für die Bedürfnisprioritäten des Menschen.

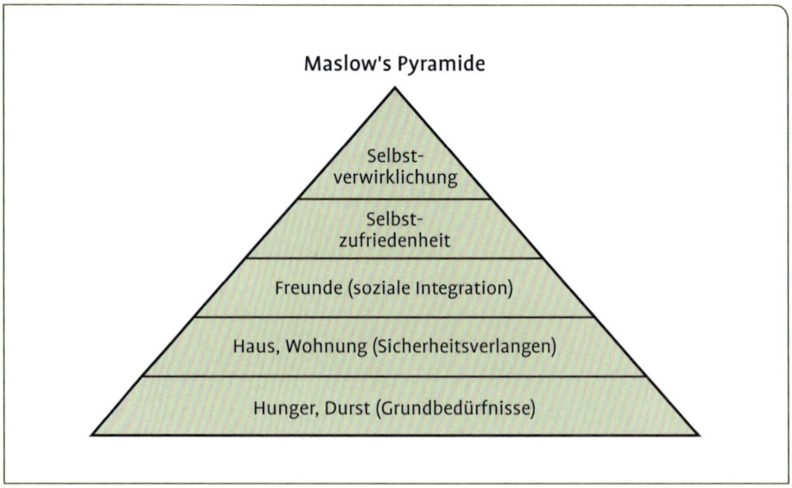

11.2 Stammkunden und Laufkunden

Stammkunden sind Kunden, die Ihren Hofladen regelmäßig besuchen. Sie machen meist den Löwenanteil der Hofladenkundschaft aus. Dass sie immer wieder bei Ihnen einkaufen, zeugt von ihrem hohen Vertrauen in Sie und Ihre Produkte. Das merkt man auch im Verkaufsgespräch. Da Sie Ihre Kunden kennen, können Sie sie mit Ihrem Namen ansprechen und das Verhältnis etwas persönlicher gestalten. Sie kennen auch die Eigenarten und Gewohnheiten Ihrer Stammkundschaft und können sich entsprechend auf sie einstellen. Gespräche mit Stammkunden sollten aber trotzdem immer auf der geschäftlichen Ebene geführt werden, da private Themen auch zu Problemen im Vertrauensverhältnis führen können.

Je nach Angebot und Lage kommen die Stammkunden aus der näheren oder weiteren Umgebung. Ihr Besuch ist nicht davon abhängig, in welcher Geschäftsumgebung sich Ihr Betrieb befindet. Stammkunden kaufen ganz gezielt bei Ihnen ein. Stammkunden bilden eine kalkulierbare Umsatzgröße im Hofladen.

Es sind hauptsächlich diese Kunden, die zu Ihren Gunsten die Mundpropaganda betreiben. Die Mund-zu-Mund-Werbung muss aber nicht immer positiv sein. Wurde einer Ihrer Stammkunden enttäuscht, so kann er andere Kunden, mit denen er in Kontakt steht, ebenfalls beeinflussen. Stammkunden nehmen sich manchmal aufgrund Ihres Bekanntheitsgrades das Recht, zu später Stunde oder an Tagen, an denen der Hofladen geschlossen ist, vorbeizukommen.

Laufkunden kommen sporadisch in Ihren Hofladen. Ihr Besuch ist davon abhängig, in welcher Geschäftsumgebung sich Ihr Laden befindet. Deshalb treten Laufkunden meist nur in Hofläden auf, die in Einkaufszentren liegen, was jedoch relativ selten der Fall ist. Laufkunden sind Kunden, die an einem Ort mehrere Einkäufe erledigen: Supermarkt, Hofladen, Bäcker oder Ähnliche. Oft wissen sie später nicht mehr, wo sie ihre Waren eingekauft haben. Die Laufkundschaft hat keine so hohen Ansprüche an Sie wie die Stammkunden.

Sie haben keinen regelmäßigen Kaufturnus und kein persönliches Verhältnis zu Ihrem Hofladen. Deshalb sind sie in der Regel auch misstrauischer als die Stammkunden. Bei Laufkunden benötigt man eine entsprechende Menschenkenntnis, um sie bestmöglich bedienen zu können.

11.3 Kaufmentalität von Stadt- und Landmenschen

Stadtmenschen haben jederzeit Zugriff auf viele Produkte des täglichen Bedarfs, sodass sie ihre Einkäufe danach ausrichten können. Sie können Preise besser vergleichen, da die Konkurrenzdichte höher ist. Allgemein richten sie sich eher auf neue Trends aus.

Landmenschen müssen für spezielle Produkte weite Wege auf sich nehmen und kaufen daher auch für den zukünftigen Bedarf. Sie haben die Vielfalt der Anbieter weniger im Blick.

Tendenziell denken sie eher praktisch.

11.4 Das heutige Kaufverhalten

Das Kaufverhalten der Kunden hat sich in den letzten Jahren gewandelt. Früher diente der Laden im Dorf nicht nur zum Einkauf der Lebensmittel, sondern auch als Treffpunkt zum Dorfgespräch. Heute spielt vor allem der Zeitfaktor eine große Rolle, die großen Supermarktketten wirken anonym und die Kunden erledigen wortlos und rasch ihre Einkäufe. Nicht nur das Kaufverhalten hat sich geändert, sondern auch die Menge der eingekauften Waren. In früheren Jahren wurden typische Selbstvermarktungsprodukte wie Kartoffeln und Äpfel in größeren Gebinden verkauft. Gängig war bei Kartoffeln der Verkauf von 25–50 kg-Säcken, bei Äpfeln der Verkauf von 10 und 20 kg-Säcken. Heute tendieren die Kunden dazu, eher kleinere Gebinde (1–2 kg) zu kaufen und dafür öfters einzukaufen. Zum täglichen Nahrungsbedarf werden für eine vierköpfige Familie täglich etwa 6 kg Lebensmittel transportiert. Daher müssen Sie auch bei der Verpackungsgröße flexibel sein.

11.5 Starke Kundenbindung im Hofladen

Der Einkauf im Hofladen durch die regionale Nähe des Erzeugers mit einer stärkeren Bindung auch von Kundenseite geprägt. Im Hofladen spielt nicht nur der Einlauf die eine wichtige Rolle, sondern auch die Kundenbindung:

- Das gute Gefühl, etwas Hochwertiges für einen günstigen Preis direkt beim Erzeuger zu kaufen, ohne einen hohen Preis über Zwischenhändler in Supermarkt zu kaufen.
- Das Bewusstsein zu haben, dass die Produkte am Einkaufsort produziert wurden: lokal, qualitätsbewusst, gesund.
- Das Erlebnis der „heimischen Landwirtschaft als Gesundheitsgarant“ zu bekommen. Menschen lieben es, Frische zu maximieren und am liebsten direkt das Obst vom Baum in den Korb zu pflücken.
- Ehrlichkeit: Der Käufer im Hofladen weiß, dass der Focus in großen Handelshäusern auf der Verkaufsstrategie im Verkaufsgespräch liegt. Das benötigt der Kunde nicht. Er möchte auf seine Fragen ehrliche Antworten, und das gibt ihm ein zufriedenes Gefühl.
- Verlässlichkeit: Der Kunde liebt es, nicht alles kritisch betrachten zu müssen, sondern sich auf andere zu verlassen. Ständiges Nachforschen und prüfen stresst den Käufer und das bekommt er durch den Kauf im Hofladen durch die Verlässlichkeit auf den Hofladenbetreiber.

- Fachlich hoch qualifiziert. Im Gegensatz dazu, dass man im Supermarkt oft vergeblich nach einem wirklichen Fachmann für die entsprechenden Lebensmittelbereiche trifft, ist das Fachwissen über die Produkte hier sehr groß und fundiert. Die Erzeuger haben das notwendige Fachwissen, das der Käufer mit der Ware kaufen möchte.

Kaufverhalten

Ein Drittel der Produkte des Einkaufs sind geplant, zwei Drittel erfolgt durch Spontankauf. Ein Teil diese Spontankäufe sind der Türöffner zu neuen Produkten, die später in die geplanten Einkäufe übernommen werden, ein Teil davon ist wiederum dem „Lustkauf" unterlegen, genauso wie ein weiterer Teil der Spontankäufe später nicht wiederholt wird.

11.6 Käufertypen

Für **Preiskäufer** ist der Preis das entscheidende Kaufkriterium. Preiskäufer machen permanent Preisvergleiche und prüfen das Preis-Leistungs-Verhältnis. Für sie ist zwar auch die Qualität entscheidend, aber der Preis steht im Vordergrund.
Qualitätskäufer achten beim Kauf auf Kriterien wie Zusammensetzung, Herstellung und Verarbeitung der Produkte. Für sie steht nicht der Preis im Mittelpunkt, sondern das Produkt.
Erlebniskäufer suchen den Einkaufsspaß und sind auf der Suche nach außergewöhnlichen Produkten. Sie richten sich nach Qualität, Trend und Genuss. Sie suchen die Produkte, die ihre persönlichen Erwartungen erfüllen. Für sie spielt der Preis nicht die Hauptrolle.
Traditionelle Käufer orientieren sich weder am Preis noch am Einkaufserlebnis, sondern suchen die „normalen" Produkte, teilweise achten sie auch auf Marken und auf Qualität.

Die Käuferkette

Jedes neue Produkt durchläuft eine Kette von Käuferschichten: Ist ein Produkt ganz neu auf dem Markt, sind es zunächst die Innovationskäufer, die zugreifen. Haben einige dieser Käufer – vorwiegend Erlebniskäufer – das Produkt getestet, wird es kurz danach von der Gruppe der Neugierigen gekauft. Diese Käufergruppe ist zwar ebenfalls relativ klein, sorgt jedoch über Mundpropaganda für viel Werbung.

Erst wenn die Käufergruppe der ersten Kaufwelle mit dem Einkauf beginnt, wird das Produkt in der breiten Masse bekannt. Die zweite Kaufwelle setzt diesen Effekt bis zur Popularität des Produktes fort. Die letzte Gruppe, die Nachzügler, kaufen das Produkt erst, wenn es über längere Zeit bekannt ist und der größte Kaufboom schon vorbei ist.

11.7 Menschentypen

Um zu erkennen, welcher Kundentyp vor Ihnen steht, hören Sie am besten genau zu, wie und in welcher Form der Kunde mit Ihnen redet. Sie können daraus ableiten, wie Sie selbst optimal mit dem Kunden umgehen können. Antworten Sie ihm in seiner Sprache, das verschafft Ihnen Pluspunkte.

Proaktive Menschen sind sehr aktiv. Von Ihnen geht meist die Initiative aus. Sie sind auch gleichzeitig ein Motivator für andere. Proaktive Kunden könnten beispielsweise so argumentieren: „Selbst wenn das Produkte nicht oft gekauft wird, möchte ich es doch gerne mal zum Probieren kaufen."
Reaktive Menschen hingegen handeln erst, wenn sie ausreichend nachgedacht und analysiert haben. Reaktive Kunden argumentieren eher so: „Ich muss mich erst mal informieren, welche Erfahrungen andere damit gemacht haben und wie diese Früchte sich verarbeiten lassen!"

„Hin zu-Menschen" agieren zielorientiert. Sie sind zufrieden, aber suchen stets das Neue oder die Herausforderung. Sie lassen sich durch neue Produkte und Erzeugnisse begeistern: „Ich bin zurzeit mit Ihrem Angebot sehr zufrieden, aber zeigen Sie mir einmal die neuen Sorten in Ihrem Sortiment."
„Weg von-Menschen" versuchen immer, einer Situation zu entfliehen. Sie wollen einen unbequemen Zustand ändern: „Ich bin in meiner Stadt oft mit dem Kauf von Obst und Gemüse reingefallen. Ich möchte bei Ihnen endlich einmal richtig frisches Obst kaufen."

Allgemein-Typen brauchen den ganzen Überblick. Zum Beispiel wollen sie über Ihre Produkte alles vom Pflanzenschutz bis zur Ernte wissen. Wenn sie etwas fragen, möchten sie aber kurze und prägnante Antworten: „Können Sie mir bitte kurz mal sagen, wie ich davon Marmelade machen kann?"
Spezifisch-Typen lassen sich dadurch begeistern, dass sie alles im Detail kennenlernen. Sie müssen die Einzelheiten kennen, bevor sie das Ganze im Blick haben: „Können Sie mir mal genau die Schritte erklären, wie ich dieses Obst zu Marmelade verarbeiten kann?"

Optionen-Menschen möchten gerne selbst entscheiden, welche Wahl sie aus verschiedenen Möglichkeiten treffen. Sie wählen aus, was sie für richtig halten und wollen keine Empfehlungen: „Welche Sorten haben Sie im Angebot? Ich schaue dann selbst, welche ich möchte."
Vorgehens-Menschen sind offen für eine Empfehlung, zum Beispiel für die Zusammenstellung verschiedener Obstsorten: „Welchen Obstkorb können Sie mir empfehlen?"

Innenorientierte Menschen handeln oft intuitiv. Das Ego steht im Vordergrund, und Entscheidungen treffen sie aus dem Bauch heraus. Von ihren eigenen Vorstellungen lassen sie sich schwer abbringen: „Ich habe bisher immer genau gewusst, welche Ernährung für meine Gesundheit gut ist. Deshalb möchte ich diese Sorte wieder haben!" **Außenorientierte Menschen** lassen auch das, was andere sagen in ihre Entscheidungen einfließen. Wenn andere die gleiche Entscheidung wie sie gefällt haben, dann halten sie ihre auch für richtig: „Das letzte Mal haben wir Freunde eingeladen. Alle haben einstimmig bestätigt, dass diese Erdbeeren die besten sind. Haben Sie noch welche davon?"

Kunden, die **Gemeinsamkeiten** suchen, möchten, dass das Neue die gleichen Eigenschaften hat wie das Alte. Beim ersten Einkauf bei Ihnen wollen sie wissen, ob Sie auch die gleichen Sorten haben wie ihr bisheriger Obsthändler: „Ich habe zum Einmachen immer Schattenmorellen gekauft. Haben Sie diese Kirschen in Ihrem Angebot?"

Kunden, die **Unterschiede** bevorzugen, suchen nach Neuem, nach dem, was sich von anderem unterscheidet: „Was haben Sie, was die anderen nicht haben?"

11.8 Die Kinder der Kunden

Ein Hofladen sollte nicht nur für die Erwachsenen ein Einkaufserlebnis sein, sondern auch den Kindern Freude machen. Oft sind sie es, die die Erwachsenen zum Einkauf in einem erlebnisreichen Laden animieren. Legen Sie daher auf Kinder besonderen Wert, indem Sie einen kleinen Streichelzoo bieten oder den Kindern die Möglichkeit geben, einmal eine Kuh oder ein Pferd zu streicheln.

Wenn Sie Kindern Gelegenheit zum Spielen geben, können Eltern in Ruhe einkaufen. Achten Sie zu jeder Zeit auf Sicherheit, sowohl für die Kinder als auch für Ihren Tier- und Pflanzenbestand und Ihre Technik.

Ein landwirtschaftlicher Betrieb bietet für die meisten Kinder viele interessante und unbekannte Entdeckungen. Vielleicht können Sie einige Kleintiere so unterbringen, dass Ihre Kunden sie beobachten können.

Kinder freuen sich über kleine Geschenke, die sie an der Kasse, an der Wurst- oder Käsetheke bekommen oder die zu Weihnachten oder Ostern verteilt werden.

Wer sich nicht um Kinder kümmert, verschenkt die wertvolle Möglichkeit der Kundenbindung. Gewinnen Sie die Sympathie der Kinder, dann gewinnen Sie auch die ihrer Eltern.

12 Das Verkaufsgespräch

Beim Verkaufsgespräch kommt es darauf an, den Kunden von Ihrem Produkt zu überzeugen, sodass er aus eigener Motivation heraus bei Ihnen einkauft. Ohne die innere Überzeugung des Kunden lässt sich langfristig keine Verkaufsbeziehung aufbauen.

Verkaufen heißt beraten, betreuen, dienen, empfehlen, erzählen, überzeugen, bestätigen, begeistern, motivieren.

Verkaufen als Direktvermarkter
„Ich bin mehr Obstbauer und weniger Verkäufer." Gerade Selbstvermarkter sollten sich des umgekehrten Falles bewusst sein. Gegenüber den Verkäufern großer Handelsketten haben Sie sogar einen sehr großen Vorteil: Ihre Beziehung zum Kunden ist nicht anonym, sondern eher vertraut und persönlich. Denn Sie sind auch der Hersteller der Produkte, die Sie verkaufen und können den Kunden Rede und Antwort stehen. Das schafft Vertrauen und gibt Ihnen ein ganz anderes Verhältnis zum Verkauf.

Hemmschwellen überwinden
Jeder von Ihnen kennt Verkaufsgespräche, bei denen Ihnen der Verkäufer etwas andreht, das Sie gar nicht brauchen. Danach fühlt man sich regelrecht über den Tisch gezogen. Viele Landwirte und Direktvermarkter tun sich schwer beim Verkauf. Keiner möchte seinen Kunden etwas aufzwingen. Es ist für sie eine Hemmschwelle, etwas zu verkaufen. Wenn Sie aber diese Hemmschwelle erfolgreich überwinden, fühlen sich Ihre Kunden auch gut beraten. Ob sie später Ihre Produkte kaufen, ist immer noch vom Bedarf und von Ihrer Argumentation abhängig.

Es gibt gute Gründe, Kunden etwas aktiv anzubieten:
- Verkaufen ist nichts Schlechtes!
- Der Weg führt immer über die Argumentation, Diskussion, Schlagfertigkeit.
- Gutes Fachwissen ist Voraussetzung für einen kompetenten Berater.
- Ein kompetenter Berater ist auch ein vortrefflicher Verkäufer.
- Es gibt nicht die Idealform des Verkaufs!
- Es gibt auch keine Garantie dafür, dass der Kunde immer nur bei Ihnen kauft.

12.1 Die Stärken eines guten Verkäufers

Verkäufer müssen nicht nur überzeugen können, sie sind Entertainer auf ganzer Ebene. Gute Verkäufer sind in ihrer Menschenkenntnis genauso bewandert wie in ihrer Fachkenntnis.

Für uns Menschen ist das Gespräch das wichtigste Kommunikationsmittel. Deshalb sollten Sie Ihren Kunden zuhören können und gezielte Fragen stellen, um herauszufinden, was ihm wichtig ist. Das baut Vertrauen auf, und der Kunde fühlt sich ernst genommen. Den anonymen Verkauf gibt es zuhauf in den großen Supermarktketten, dafür dass Ihre Kunden ganz speziell zu Ihnen kommen, möchten sie durch eine individuelle Beratung belohnt werden. Fragen Sie Ihre Kunden nach ihrem Bedarf und helfen Sie ihnen, die richtigen Produkte für ihre individuellen Wünsche zu finden. Manchmal haben Sie mehrere Produkte in unterschiedlichen Preisklassen im Hofladen. Bieten Sie ihm die an, die er sich auch leisten kann und will. Ständig das Teuerste verkaufen zu wollen, vergrault die Kunden.

Gute Verkäufer zeichnen sich auch dadurch aus, dass sie gute Fachkenntnisse besitzen. Wer seine Aussagen belegen kann und Fragen zufriedenstellend beantwortet, gibt seinen Kunden Sicherheit. Als Fachmann und guter Verkäufer können Sie Ihre Kunden auch einmal loben, zum Beispiel für ihre gute Kenntnis über die verschiedensten Apfelsorten. Dieses Lob sollte aber immer ernst gemeint sein. Falsches und aufgesetztes Lob merkt der Kunde sehr schnell und macht ihn misstrauisch. Darüber hinaus besitzen gute Verkäufer die Fähigkeit, fachliche Zusammenhänge verständlich darzustellen. Sie können dem Kunden klar darlegen, worauf es bei der Erzeugung ihrer Lebensmittel wirklich ankommt.

Grundsätzlich haben freundliche Verkäufer deutlich bessere Chancen, etwas zu verkaufen.

Gute Verkäufer verwenden außerdem positive Formulierungen. Nicht: „heute geht das nicht mehr“, sondern: „ab nächsten Dienstag geht es“. Nicht: „da haben Sie mich nicht richtig verstanden“, sondern: „da habe ich mich falsch ausgedrückt“. Sollte eine Reklamation bei Ihren Handelswaren vorliegen, dann sollten Sie dem Kunden das Gefühl geben, dass Sie sich um das Problem kümmern. Nicht: „dafür kann ich nichts, der Fehler liegt nicht bei mir“, sondern: „ich werde mich gleich mit dem Produzenten in Verbindung setzen“.

Fachbegriffe im Umgang mit Kunden

Vermeiden Sie allgemein unverständliche Fachworte oder irreführende Begriffe. Kunden sind keine Direktvermarkter, sondern nur Verbraucher und in den seltensten Fällen mit Insiderbegriffen vertraut. Auf der anderen Seite weiß der Kunde vielleicht nur einen

Bruchteil über Ihre Produkte. Klären Sie ihn in verständlicher Weise über Ihre Produkte auf, geben Sie ihm Tipps zur Zubereitung, zeigen Sie ihm kleine Kniffe zum Schälen, Kochen, Einlegen in Marinaden. Diese individuellen Tipps mögen Kunden. Besserwisserei ist hier fehl am Platz, vielmehr sollten die Ratschläge eine Ergänzung zu dem bisherigen Wissen sein. Je nützlicher die Informationen für die Kunden sind, desto eher wird die Bereitschaft sein, bei Ihnen zu kaufen.

Weiterhin: Bringen Sie auch keine Fachbegriffe in die Werbeanzeigen, die der Kunde nicht versteht. Integrierter Pflanzenschutz und Schadensschwelle gehören nicht zum Kenntnis-Repertoire der Kunden. Das verwirrt eher, als dass es überzeugt. Wenn Ihnen bestimmte Begriffe wichtig sind, umschreiben Sie sie mit einfachen Worten, aber kurz und prägnant.

Zu viele Details gehören ebenfalls nicht in die Werbung. Die Werbung sollte lediglich dazu dienen, die Kunden zu Ihrem Hofladen zu bringen. Details erfährt er bei Ihnen genug, oder er fragt danach. Den Kunden interessieren zunächst nur die Angebote.

Gerne können Sie sich auch in Ihrer Kreativität durch andere Werbung inspirieren lassen.

12.2 Erfolg durch Kundenbeziehung

Woran liegt es, dass manche erfolgreich verkaufen und andere nicht? Man findet die Antwort, wenn man die Beziehung zwischen Verkäufer und Käufer näher betrachtet. Beobachten Sie sich selbst, welche Beziehungen Sie zu Ihrer Umwelt haben und wie die Umwelt auf Sie reagiert. Sie werden schnell feststellen, dass es oft Ihr eigenes Verhalten ist, das Ihren Erfolg steuert. Erfolgreich sind Sie, wenn Sie eine gute Beziehung zu Ihrem Kunden pflegen. Überprüfen Sie anhand dieser Kriterien, wo Ihre Stärken und Schwächen liegen:

- Körperbeherrschung,
- Kundenverständnis,
- Kenntnis der eigenen Werte und Fähigkeiten,
- eigene Überzeugung,
- Persönlichkeit,
- Anpassungsfähigkeit,
- Fachwissen,
- Sympathie,
- Kompetenz,
- Überzeugungskraft,
- Nutzenargumentation,
- Einfühlungsvermögen,
- Sprachgefühl.

12.3 Verkaufsargumente

Um Ihre Erzeugnisse erfolgreich zu verkaufen, müssen Sie den Kunden mit entsprechenden Argumenten überzeugen. Das geht besonders dann, wenn Sie neue Erzeugnisse aktiv anbieten, oder wenn Kunden noch nicht schlüssig sind, was sie haben möchten.

Es gibt warenbezogene oder kundenorientierte Verkaufsargumente.

Warenbezogene Verkaufsargumente vermitteln das Besondere an den Produkten:

- Zusammensetzung
  „Dieser Käse ist mit feinen Kräutern hergestellt."
  „Die Marmelade ist aus reifen Erdbeeren und Rhabarber hergestellt."
  „Besonders mageres Fleisch wurde für diese Wurst verwendet."
- Beschaffenheit
  „Diese Wurst lässt sich gut auf dem Brot verstreichen."
  „Diese Birnensorte ist besonders weich."
  „Diese Kartoffeln sind vorwiegend festkochend."
- Aroma
  „Wenn Sie eine feine Säure lieben, ist die Sorte Rubinette empfehlenswert."
  „Der Sauerkirschbrand hat ein ausgeprägtes Fruchtaroma."
- Verwendungszweck
  „Diesen Essig können Sie sowohl für süße als auch für pikante Gerichte verwenden."
  „Dieses Fleisch ist besonders für einen festlichen Tisch geeignet."
- Preis
  „Wir können Ihnen diesen Käse heute besonders günstig anbieten."
  „Bei der Abnahme von 25 kg dieser Äpfel können wir einen attraktiven Rabatt bieten."

Kundenorientierte Verkaufsargumente beziehen sich auf die Vorteile für den Kunden:

- Gesundheit
  „Damit haben Sie einen sehr aromatischen Apfel gewählt."
  „Sie haben sich für eine sehr kalorienarme Wurst entschieden."
- Anerkennung
  „Sie haben wie immer eine sehr gute Wahl getroffen."
  „Ihre Gäste werden von diesem Wein begeistert sein."
- Zeit
  „Hiermit können Sie innerhalb kürzester Zeit ein schmackhaftes Essen zaubern."
  „Wenn es schnell gehen soll, würde ich Ihnen Nudeln dazu empfehlen."

12.4 Gewinner und Verlierer beim Verkauf

Die Loose-Loose-Situation

Kunde: „Können Sie mir eine gute Apfelsorte empfehlen?"
Obstbauer: „Suchen Sie sich hier eine aus, die sind alle gut. Hier oben die sind die besten."
Kunde: „Die sind aber alle relativ teuer gegenüber denen im Supermarkt."
Obstbauer: „Gutes bekommt man heute nicht mehr günstig. Das kostet halt so viel."
Kunde: „Naja, dann mal vielen Dank."

Der Verkäufer präsentiert die Ware ohne Begeisterung oder möchte den Käufer zum Kauf von Waren überreden, die er eigentlich gar nicht braucht. Bei diesem Verkaufsgespräch gibt es zwei Verlierer: Der Käufer erlebt Abneigung und der Verkäufer macht kein Geschäft.

Die Win-Loose-Situation

Kunde: „Können Sie mir eine gute Apfelsorte empfehlen?"
Obstbauer: „Nehmen Sie die im 5 kg-Beutel. Es sind die besten in unserem Angebot."
Kunde: „Ich weiß aber nicht genau, ob das nicht zu viel ist."
Obstbauer: „Die können Sie ruhig kaufen. Davon essen Sie so viel, dass der Beutel noch in dieser Woche leer ist."
Kunde: „Wenn Sie meinen."

Bei dieser Verkaufssituation gibt es einen Gewinner und einen Verlierer: Der Verkäufer hat mit Begeisterung die Ware verkauft, aber der Käufer ist nicht davon überzeugt oder möchte das Produkt eigentlich gar nicht. Der Verkäufer macht zwar das Geschäft, der Kunde wird aber nie mehr etwas dort kaufen.

Die Win-Win-Situation

Kunde: „Können Sie mir eine gute Apfelsorte empfehlen?"
Obstbauer: „An was hätten Sie denn gedacht? Süße oder eher säuerliche Äpfel?"
Kunde: „Ich bevorzuge eher säuerliche Äpfel. Und nicht so groß sollen sie sein."
Obstbauer: „Wir haben hier eine neue Sorte, die besonders gut im Geschmack und eher säuerlich ist. Sie wachsen auch nicht so groß und sind auch nicht schnell mehlig. Hier, probieren Sie ein Stück, ob es der Richtige für Sie ist."
Kunde: „Oh, ja, die sind gut. Die Sorte habe ich bisher nicht gekannt. Ich nehme einen Beutel. Vielen Dank."

Hier gibt es zwei Gewinner: Der Verkäufer hat dem Käufer etwas verkauft, das ihm nützlich ist. Er hat sein Bedürfnis befriedigt. Der Verkäufer macht das Geschäft und der Käufer ist jederzeit wieder bereit, etwas zu kaufen.

12.5 Tonfall und Mimik beim Sprechen

Im Verkaufsgespräch sollten Sie sich auf Ihr Gegenüber einstellen können. Unterstützend kann dabei das Einstellen der Stimme und der Sprachgeschwindigkeit auf die des Kunden sein. Ahmen Sie ihn aber nicht nach.

Untersuchungen haben gezeigt, dass beim Sprechen nur 7 % des Kommunizierten über das gesprochene Wort ausgedrückt wird (Beispiel: Computersprache). Zu 38 % wird das, was gesagt werden soll, über den Tonfall vermittelt, der das Wort mit Stimmungen versetzen kann (Beispiel: Hörkassette). Der Hauptteil, 55 % der Kommunikation, fällt der Mimik und Gestik zu. Darin wird der Hauptinhalt und manchmal der „wahre" Inhalt einer Botschaft übermittelt (Beispiel: Pantomime).

12.6 Gezielt Fragen stellen

Fragen gehören auch zu einem guten Verkaufsgespräch. Stellen Sie Ihren Kunden Fragen, denn Fragen öffnen den Weg zu den Kundenbedürfnissen. Fragen Sie nach den Wünschen und Vorstellungen der Kunden und hören Sie ihnen zu. Damit wissen Sie, worauf der Kunde den größten Wert legt und was Sie ihm empfehlen können: „Was hatten Sie denn bisher für Apfelsorten?", „Auf was legen Sie bei Fleisch den größten Wert?". Wenn der Kunde antwortet, sollten Sie ihm nicht ins Wort fallen. Lassen Sie dem Kunden Zeit, auf Ihre Fragen zu antworten. Was Sie in dieser Zeit erfahren, ist für die spätere Argumentation Gold wert.

Im Verlauf des Gespräches wird vielleicht noch der ein oder andere Wunsch des Kunden aufgedeckt, auf die der Kunde sonst nicht gekommen wäre. Und am Schluss haben Sie nicht nur Obst, sondern auch noch andere Produkte verkauft.

Haben Ihre Kunden Einwände, fragen Sie einfach noch einmal nach, was sie daran hindert, Ihre Produkte zu kaufen.

Offene und geschlossene Fragen

Geschlossene Fragen können nur mit Ja oder Nein beantwortet werden, bringen Ihnen also wenig neue Informationen. **Offene Fragen** beginnen mit Was, Warum, Wer, Wie viel etc. und geben dem Gegenüber die Möglichkeit, mit Sätzen, Erläuterungen, Begründungen, Tatsachen zu antworten, aus denen sich für Sie neue Fragen ergeben können. Das Verkaufsgespräch wird meist mit offenen Fragen begonnen, um die grundsätzlichen Wünsche und Bedürfnisse der

Kunden kennenzulernen. Setzen Sie dann das Gespräch mit geschlossenen Fragen fort, damit die Kunden Ihre Wünsche konkretisieren können.

Offene Fragen:
- „Was ist Ihnen bei dem Produkt wichtig?"
- „Warum sehen Sie bei der Haltbarkeit Probleme?"
- „Wie oft haben Sie den Wasserfilter schon gereinigt?"

Geschlossene Fragen:
- „Sind Sie zufrieden mit den Vollwertprodukten?"
- „Sind das die Produkte, die Sie sich wünschen?"
- „Haben Sie dieses Öl schon mal probiert?"

Wer die Fragen stellt, lenkt das Gespräch. Sie bestimmen durch gezieltes Fragen den Kurs, und der Kunde sorgt durch seine Antworten für den notwendigen Antrieb. So bleibt Ihr Gespräch immer im Fluss.

Gegenfragen
Eine Frage können Sie mit einer Gegenfrage beantworten. Allerdings empfiehlt es sich, Gegenfragen nur begrenzt im Gespräch zu verwenden: „Wie meinen Sie das", „Können Sie das näher erläutern?"

Suggestivfragen
Suggestivfragen sind Fragen, die Ihrem Gesprächspartner entweder eine Situation bewusst machen oder ihn in eine von Ihnen gewünschte Richtung lenken. Setzen Sie diese Fragen aber nur dann ein, wenn Sie sicher sind, dass sie auf Wahrheit beruhen: „Sie wissen doch sicher aus den Medien dass ...?"

Alternativfragen
Alternativfragen lassen Ihrem Gesprächspartner die Wahl zwischen einigen Möglichkeiten. Setzen Sie diese Fragen auch nur ab und zu ein: „Haben Sie Ihr Brot bisher nur mit einer fertigen Mehlmischung gebacken oder haben Sie sich die Mehlmischung selbst zusammengestellt?"

Hypothetische Fragen
Hypothetische Fragen sind solche Fragen, die mit einer Annahme zu tun haben und eine noch nicht Realität gewordene Situation darstellen: „Wenn Sie den Käse probieren würden, glaube ich schon, dass Sie sich für ihn entscheiden könnten."

Zirkulärfragen
Sie beziehen in das Gespräch eine dritte Person mit ein: „Was glauben Sie, würden Ihre Gäste dazu sagen, wenn Sie Ihnen diesen tollen Käse nach dem Essen servieren?"

Fragen nach Erklärungen
Fragen, die sich auf einen Vorgang oder Hintergründe beziehen: „Warum haben Sie das Backen noch nicht mit einer andere Apfelsorte probiert?"

Rhetorische Fragen
Fragen, auf die keine Antwort erwartet wird: „Wäre es nicht toll, wenn Sie Ihre Familie mit einem außergewöhnlichen Essen überraschen würden?"

13 Kundenbindung

13.1 Service

Kundenservice ist nicht nur etwas für den Waschmaschinenhersteller. Kundenservice ist für jeden wichtig, der es mit Kunden zu tun hat, ob er nun Obst, Fleisch, Fisch oder eigene Erzeugnisse aus der Landwirtschaft verkauft. Kundenservice sollte in die tägliche Arbeit integriert werden. Zeigen Sie einem interessierten Kunden beispielsweise für zehn Minuten Ihre Produktionsräume. Begeisterung durch Anfassen kann im Hofladen par excellence umgesetzt werden. Oder erklären Sie ihm die grundlegenden Unterschiede der angebotenen Fleischsorten und deren vorwiegende Verwendung, dann haben Sie bereits Kundenservice geleistet. Diese Art von Kundendienst ist nicht teuer und bindet Ihre Kunden langfristig. Die Denkweise, dass Direktvermarkter keine Zeit für Kundenservice und lange Gespräche hätten, kostet letztendlich nur Kundschaft.

13.2 Kompetenz

Sie sind ein Erzeugerbetrieb und damit der beste Fachmann für Ihre Produkte. Kein Verkäufer weiß mehr über Ihre Waren als Sie. Übermitteln Sie diese Botschaft den Kunden, selbst wenn es für Sie selbstverständlich erscheint. Die Inhaltsstoffe und die Verarbeitung der

Die beste Werbung haben Sie, wenn die Kunden bei Ihnen etwas erleben. Stellen Sie Ihren Kunden Ihr Sortiment vor und erzählen Sie, welche Geschichten und Traditionen hinter Ihren Produkten stecken.

Ihre Stellschrauben für zufriedene Kunden. Wenn Sie alle Bereiche im Blick und unter Kontrolle haben, steht Ihrem Erfolg wenig im Weg.

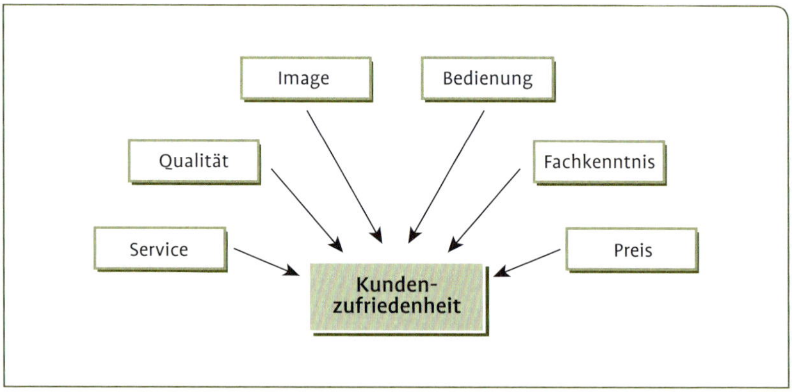

Produkte oder der Anbau von Obst sind für Sie selbstverständlich, können aber für Ihre Kunden unbekannt und außergewöhnlich interessant sein. Zeigen Sie ihnen, dass Sie ein Fachmann sind. Je mehr nützliche Informationen die Kunden von Ihnen erfahren, umso eher werden Sie eine Vertrauensbasis zu Ihnen aufbauen.

13.3 Beziehungsmanagement

Ein Verkäufer, der seine Kunden nicht nur kompetent zu beraten versteht, sondern ihnen darüber hinaus auch ein Gefühl der Wertschätzung und des Vertrauens vermittelt, kann sie langfristig an sich binden. Die Kunden werden dann gerne wiederkommen, selbst wenn der Preis über dem des Wettbewerbs liegt. Aus diesem Grund kommt es für Sie darauf an, nicht nur fachlich, sondern auch menschlich zu überzeugen. Vertrauen und Sympathie zählen zu den wichtigsten Voraussetzungen für eine langfristige, partnerschaftliche Geschäftsbeziehung zu Ihren Kunden.

In vielen Bereichen des Verkaufs rückt in den letzten Jahren immer häufiger ein Schlagwort in den Vordergrund: Beziehungsmanagement. Diese Mischung aus Kundenfreundlichkeit, Umsatzsteigerung und Kundenbindung kann Ihnen langfristig den Erfolg sichern.

Ein Mensch, der seine Beziehungen zu anderen Menschen pflegt, hat weitaus bessere Chancen auf Erfolg. Pflegen Sie jede Kundenbeziehung, denn die Anzahl der Kontakte entscheidet über Ihren Erfolg. Mit Beziehungsmanagement bauen Sie ein Vertrauensverhältnis zum Kunden auf, indem Sie auf den Kunden eingehen, seine Persönlichkeit – und nicht das Produkt – in den Mittelpunkt rücken und ein „Wir-Gefühl" entstehen lassen. Geben Sie dem Kunden das Gefühl, dass Sie ihn ernst nehmen, sein Bedarf Ihnen wichtig ist, Sie ihm mit einem Produkt helfen möchten und er ein gutes Produkt für sein Geld bekommt.

Das Beziehungsverhältnis zwischen Ihren Kunden und Ihnen kann sich durch jedes interessante Gespräch oder jede konstruktive Diskussionen intensivieren, aber auch durch Fehlinterpretationen und destruktive Kritik distanzieren.

Welche Beziehung haben Sie zu Ihren Kunden? Beobachten Sie, wie Sie mit Ihren Kunden umgehen, wie Sie sie begrüßen, bedienen und verabschieden und wie die Kunden darauf reagieren. Sie werden schnell feststellen, dass nicht nur das Kundenverhalten, sondern auch Ihr eigenes Verhalten dazu beiträgt, wie und wie oft der Kunde bei Ihnen einkauft. Mürrische und misslaunige Verkäufer verlieren ihre Kunden schnell. Für den Aufbau Ihres Beziehungsmanagements gibt es kein Patentrezept, aber wenn Sie einige Regeln kennen, werden Sie im Laufe der Zeit Ihre eigene Art und Weise finden.

Besonders wichtig ist, das erhaltene Feedback zu erkennen und flexibel genug zu sein, Ihr Verhalten sooft wie nötig zu korrigieren, bis sich der gewünschte Erfolg einstellt.

Auf diese Weise werden Potenziale und Ressourcen freigesetzt, die notwendig sind, um ein aktives und zielgerichtetes Handeln zu ermöglichen.

Im Beziehungsmanagement spielen diese persönlichen Sichtweisen und Einstellungen eine entscheidende Rolle:

- Was möchten Sie wirklich im Leben erreichen?
- Was ist Ihnen wichtig?
- Welche Werte vertreten Sie?
- Was macht Ihnen Spaß?
- Wo, wann und wie fühlen Sie sich wohl?
- Wie sehen Sie sich?
- Was motiviert Sie?
- Was aktiviert/reizt Sie?
- Wollen Sie das, was Sie tun? Tun Sie das, was Sie wollen?

Viele Menschen begehen den Fehler, sich selbst in den Vordergrund zu drängen. Ein Verkäufer, dessen Gedanken und Worte sich nur um sich selbst drehen, zeigt offen, dass er sich durch die Belange des Kunden in seinem Konzept gestört fühlt. Er verfällt unbemerkt in den Zustand, den Kunden von oben herab zu behandeln und bietet Produkte an, die nicht zu den Bedürfnissen des Kunden passen. Und das sorgt letztendlich den Verlust des Kunden. Geben Sie deshalb dem Kunden das Gefühl, wichtig für Ihren Betrieb zu sein. Zeigen Sie ihm, dass Ihnen jeder seiner Besuche wichtig ist.

Sympathie

Warum gibt es angenehme und unangenehme Kunden? In Ihrem Unterbewusstsein findet eine Beurteilung über Sympathie und Antipathie, über Zustimmung und Ablehnung statt. Dazu gehören Persön-

Tab. 5. Arbeit mit und ohne Begeisterung

Mit Begeisterung	**Ohne Begeisterung**
Spaß an der Tätigkeit	Lustlosigkeit, etwas zu tun
Beachtung von Details	**Details sind uninteressant**
Schwierigkeiten als Herausforderungen sehen	Schwierigkeiten als Probleme wahrnehmen
Eigeninitiative, Motivation	**Keine Antriebskraft**
Bei Misserfolgen neue Versuche starten	Misserfolge als Ergebnisse werten
Die Arbeitszeit vergeht schnell	**Die Arbeitszeit zieht sich in die Länge**
Rudern, um ans Ziel zu kommen	Man lässt sich treiben

lichkeit, Aussehen, Ausstrahlung, Interessen und vieles mehr. Beobachten Sie Ihre Mitmenschen, ohne sie zu werten, und fällen Sie keine Urteile über sie. Versuchen Sie, mehr das Positive als das Negative an Ihren Kunden zu erkennen. Sobald Sie anfangen, menschliches Verhalten zu kritisieren, werden Sie es schwer haben, wieder positiv zu denken.

Sehen Sie Probleme als Chancen und Herausforderungen. In unserer Wortterminologie sind diese Begriffe vollkommen identisch, nur wir haben Sie in unserer Umgangssprache positiven und negativen Wertungen unterstellt.

Versuchen Sie sich dadurch in eine positive Grundstimmung zu versetzen. Kein Mensch ist ewig misslaunig und die meisten Erfolge werden von motivierten Menschen erzielt. Beschäftigen Sie sich nicht damit, warum es Ihnen schlecht geht, sondern damit, wie es Ihnen besser gehen kann.

Albert Schweitzer formulierte: „Mit zwanzig hat jeder das Gesicht, das Gott ihm gegeben hat, mit vierzig das Gesicht, das das Leben ihm gegeben hat und mit sechzig das Gesicht, das er verdient."

Begeisterung

Wer erfolgreich verkaufen will, muss in der Lage sein, seine Kunden die eigene Begeisterung über die Produkte spüren zu lassen und diese damit wiederum von den Erzeugnissen zu begeistern. Was begeistert Sie an Ihrer Arbeit? Wie lassen Sie sich begeistern?

Checkliste Beziehungsmanagement

- Zeigen Sie Ihren Kunden ehrliches Interesse?
- Haben Sie Mut, Ihre eigene Individualität zu entwickeln?
- Machen Sie sich für Misserfolge selbst verantwortlich?
- Schaffen Sie mit Ihren Kunden Gemeinsamkeiten?
- Nutzen Sie die Chance des ersten Eindrucks?
- Sehen Sie Misserfolge als Ergebnis?
- Haben Sie oft neue Ideen?
- Haben Sie ein Ziel, das Sie erreichen wollen?
- Gehen Sie gerne auch mal ein Risiko ein?
- Achten Sie auf den Standpunkt des anderen?
- Mögen Sie Ihre Kunden?
- Stellen Sie gezielte Fragen?
- Hören Sie gut zu?
- Geben Sie aufrichtig Lob und Anerkennung?
- Können Sie sich für neue Wege begeistern?
- Machen Sie für Misserfolge andere verantwortlich?
- Was läuft gut oder weniger gut?
- Was stört Sie und wodurch können Sie Ihre Einstellung verändern?
- Lassen Sie sich zu sehr beeinflussen?
- Wodurch könnten Sie sich verändern?

Die beste Werbung haben Sie, wenn Ihre Kunden bei Ihnen etwas erleben. Vielleicht möchten Sie zweimal im Jahr zu einem „Tag der offenen Tag“ einladen?

14 Beschwerden

Wer arbeitet, kann Fehler machen und wer Produkte verkauft, kann auch eine Beschwerde kassieren. Beschwerden treten auf, wenn Kunden nicht mit der Leistung der Produkte zufrieden sind, oder wenn ein Produkt unbeabsichtigt fehlerhaft ist. Manchmal beschweren sich Kunden auch über einwandfreie Ware, deren spezielle Eigenschaften ihnen aber nicht bekannt waren. In jedem Fall wurde der Kunde enttäuscht und fühlt sich im Nachteil.

Sehen Sie Reklamationen nicht als Wertung, sondern als Zeichen dafür, dass die Erwartungen eines Kunden nicht erfüllt wurden.

14.1 Die Chance der Reklamation

Beschwerden rücken Ihre Leistung zunächst in dunkles Licht. Dass eine Beschwerde aber auch eine Chance zur Kundenbindung sein kann, wissen die wenigsten. Wie man mit Reklamationen umgeht, entscheidet über Erfolg und Misserfolg.

Wenn Sie Pech haben, bleibt der unzufriedene Kunde beschwerdelos fern. Er kauft seine Produkte woanders und berichtet seine schlechten Erfahrungen seinen Bekannten und Freunden. Sollte der Kunde wieder zu Ihnen kommen und sich beschweren, dann nutzen Sie die Gunst der Stunde. Reden Sie mit ihm, denn er gibt Ihnen die Gelegenheit dazu.

Wichtig ist: Jede Reklamation sollte ernst genommen und von Ihnen zur Zufriedenheit des Kunden erledigt werden, denn die negativen Auswirkungen von unbeachteter Unzufriedenheit können groß sein – Imageverlust, Kundenrückgang und schließlich wirtschaftliche Folgen.

14.2 Das Beschwerdegespräch

Die Sachebene und die Gefühlsebene

Eine Reklamation ist ein sehr emotionaler Vorgang. Die Sensibilität auf dieser Ebene ist um ein Vielfaches höher als bei einem normalen Gespräch, denn der Kunde wurde in seiner Erwartungshaltung enttäuscht.

Das Gespräch, das Sie jetzt mit ihm führen, findet auf zwei Ebenen statt: auf der Sachebene, die sich auf das konkrete Problem bezieht, und der Gefühlsebene, bei der es um die enttäuschten Gefühle des Kunden geht.

Aktiv zuhören

Zunächst sollten Sie den Kunden immer ausreden lassen und ihn nicht unterbrechen. Denn erst, wenn sich der Kunde emotional Luft geschaffen hat, wird er für sachliche Argumente zugänglich sein.

Zum aktiven Zuhören gehört aber noch mehr: Man sollte dem Kunden gegenüber freundlich und aufmerksam sein und ihm zeigen, dass Sie sich in seine Gefühlswelt hineindenken. Dies kann zum Beispiel durch nonverbale Signale geäußert werden:
- Augenkontakt zum Kunden.
- Offene und unverkrampfte Körperhaltung und Mimik.
- Ein Kopfnicken kann dem Kunden zeigen, dass man dem Gespräch noch folgt.
- Notizen machen! Werden die wichtigsten Punkte der Beschwerde im Beisein des Kunden gleich notiert, fühlt er sich beachtet.
- Man kann Verständnis und Betroffenheit zeigen.

Kurze Sätze zeigen dem Kunden, dass Sie seine Gefühle nachempfinden können:
- „Das hat Sie bestimmt sehr geärgert!"
- „Ich hätte mich auch geärgert, wenn mir das passiert wäre."
- „Dass Sie sich darüber aufgeregt haben, kann ich gut verstehen."

Auf der emotionalen Ebene antworten

Je besser Sie auf der emotionalen Ebene reden können, desto erfolgreicher werden Sie sein. Der Kunde hört bei einer Reklamation wesentlich genauer zu als sonst. Unwesentliche Behauptungen Ihrerseits können eine belanglose Beschwerde in Ärger und Wut eskalieren lassen und letztendlich den Kunden vergraulen. Den Kunden zu beruhigen und ihn zu entschädigen, ist die beste Lösung. Ein Umtausch allein ist kein Kundenservice und bietet auch keinerlei Kundenbindung. Wenn Sie es aber schaffen, den Kunden so zufriedenzustellen, dass er sich in dieser Situation gut betreut und verstanden fühlt, wird er auch weiterhin bei Ihnen kaufen.

Bedanken

Der Kunde hat Ihnen sein Problem geschildert, nun sollte man sich dafür bedanken.

Ein Dankeschön könnte dann zum Beispiel so aussehen: „Vielen Dank. Ich bin sehr froh, dass Sie mir das mitgeteilt haben. Es gibt mir die Chance, meine Qualität zu verbessern."

Entschuldigen

Erst wenn man sich beim Kunden bedankt hat, sollte man sein Bedauern ausdrücken und sich entschuldigen. Wichtig ist dabei, dass man dem Kunden zu verstehen gibt, dass es einem persönlich leid tut. Wird eine Entschuldigung ohne Aufrichtigkeit abgespult, spürt das der Kunde. Eine Entschuldigung an dieser Stelle soll vor allem eine „emotionale Wiedergutmachung" der verletzten Gefühle des Kunden darstellen. Sie sollte kein vorschnelles Schuldeingeständnis sein. Man kann sich zum Beispiel für die Aufregung und den Ärger des Kunden entschuldigen.

Weitere Tipps beim Beschwerdegespräch

- Versprechen Sie nichts, was Sie nicht halten können. Leere Versprechungen steigern die Wut Ihrer Kunden und zerstören das Vertrauensverhältnis.
- Verwenden Sie positive Formulierungen.
- Sprechen Sie die Kunden immer persönlich mit Namen an. Das vermittelt das Gefühl der Akzeptanz.
- Vermeiden Sie Schuldzuweisungen an Dritte. Den Kunden interessiert nicht, ob Ihre Zulieferfirma für das Problem verantwortlich ist. Er will eine Lösung. Wird die Schuld auf andere geschoben, wirkt das, als wollten Sie sich vor der Verantwortung drücken.
- Fordern Sie wütende Kunden nicht zur Ruhe auf. Durch Sätze wie „Jetzt beruhigen Sie sich erst einmal, sonst geht hier gar nichts!“ fühlt sich der Kunde gemaßregelt und im Ausdruck seiner Emotionen behindert. Die Wut steigt.
- Zweifeln Sie die Darstellung des Kunden nicht an. Äußerungen wie „das ist noch nie passiert“ unterstellen dem Kunden Fehler.
- Belehren Sie den Kunden nicht. Er ist erwachsen und sollte daher nicht wie ein Kind behandelt werden.
- Sprechen Sie in kurzen und präzisen Sätzen und vermeiden Sie Fachausdrücke. Da der Kunde sein Gesicht wahren will, wird er selten zugeben, dass er nichts versteht. Sein Unbehagen wird sich aber steigern.

14.3 Beschwerde oder Nörgelei?

Es gibt Menschen, die sich beschweren und es gibt Nörgler. In beiden Fällen sollten Sie ruhig reagieren, denn das oberste Gebot lautet, den Kunden nicht zu verlieren. Auch Nörgler können gute Kunden sein und schließlich möchten Sie auch weiterhin Umsatz mit ihnen machen. Beim richtigen Nachfragen werden Sie bald feststellen, dass es bei Beschwerden einen wirklich triftigen Grund gibt, bei einer Nörgelei weiß der Klagende meist selbst nicht recht, worüber er sich beschwert.

14.4 Reaktionen unzufriedener Kunden

Wenn ein Kunde mit Ihren Produkten nicht zufrieden war, kann das die unterschiedlichsten Reaktionen bei ihm auslösen, abhängig von der Gewichtung der Beschwerde oder vom emotionalen Charakter des Kunden:

- Der Kunde äußert seine Beschwerde nicht. Er kauft weiterhin bei Ihnen ein, verzeiht Ihnen den Fehler und lässt es vorerst dabei.
- Der Kunde kauft nichts mehr bei Ihnen und geht zum Wettbewerb.

- Der Kunde betreibt negative Mundpropaganda.
- Der Kunde beschwert sich, vielleicht sehr lautstark im Beisein anderer Kunden.

In der Regel beschwert sich nur ein kleiner Teil der unzufriedenen Kunden direkt bei Ihnen.

Deshalb bedeutet eine niedrige Anzahl an Beschwerden nicht notwendigerweise, dass alle Kunden, die nichts reklamieren, zufrieden sind. Darum ist es eine wichtige Aufgabe, mögliche Unzufriedenheit beim Kunden schnell zu entdecken. Denn Reklamationen helfen Ihnen, Schwierigkeiten für Kunden zu beseitigen, die sich nicht beschweren.

Checkliste Beschwerdemanagement

- Welches Problem hat der Kunde?
- Was ist wo und wann vorgefallen?
- Hat sich jemand zum gleichen Problem schon einmal beschwert?
- Wie stellt sich der Kunde die Problemlösung vor?
- Hat er bereits eigene Lösungsvorschläge und -wünsche?
- Wie dringend ist die Problemlösung?
- Ist es ein guter Kunden, der sich beschwert?
- Ist er sehr verärgert?
- Betrifft die Beschwerde eine selbst erzeugtes Produkt oder ein zugekauftes?
- Beschwert sich der Kunde über unkorrektes Verhalten von Ihnen oder Ihren Mitarbeitern?
- Welche Lösung kann für das Problem gefunden werden?

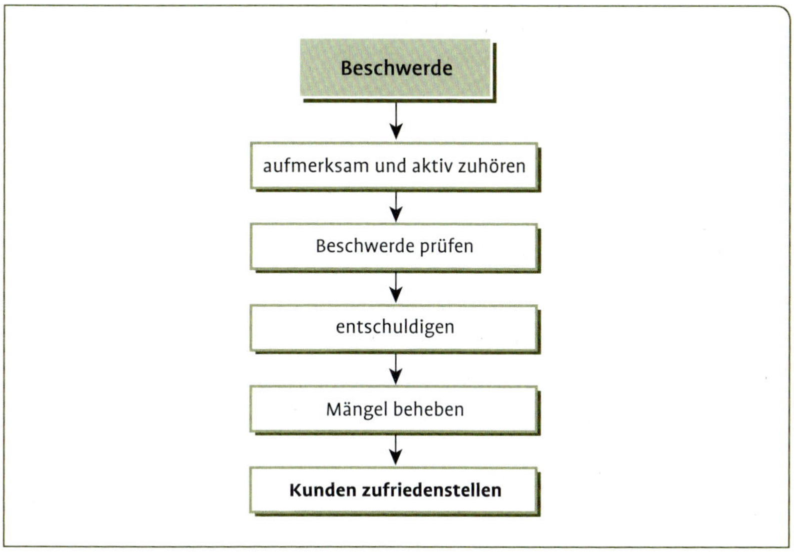

So gehen Sie mit Kundenbeschwerden professionell um. Es ist wichtig, dass Sie bei Konflikten sachlich bleiben; das kann gut funktionieren, wenn Sie sich an dieses kleine Schema halten.

14.5 Enttäuschte Kunden zufriedenstellen

Ein Kunde beschwert sich in der Hoffnung, eine Lösung für sein Problem zu bekommen. Eine Reklamation kann von Fall zu Fall mit unterschiedlichen Mitteln behoben werden: Umtausch, Ersatz, Preisnachlass, Geldrückgabe, Geschenk.

Lösen Sie das Problem einer Beschwerde so schnell wie möglich. Ein unzufriedener Kunde wird in den seltensten Fällen die Geduld aufbringen, länger zu warten. Versuchen Sie zumindest eine Lösung in Aussicht zu stellen. Vergewissern Sie sich, ob der Kunde mit der vorgeschlagenen Lösungsmöglichkeit einverstanden ist, sonst ist die Beschwerde nur aus Ihrer Sicht erledigt, nicht aber aus der Sicht Ihres Kunden.

Es ist eine nette Geste, sich bei Ihrem Kunden zu einem späteren Zeitpunkt nochmals nach seiner Zufriedenheit zu erkundigen. Besonders nach schwerwiegenden Problemen ist dies angebracht. Sie zeigen damit, wie wichtig Ihnen seine Zufriedenheit ist.

14.6 Keine Angst vor Reklamationen

Beschwert sich ein Kunde bei Ihnen, so sollten Sie immer versuchen, ihm dennoch positiv und sachlich gegenüberzutreten. Folgende Gedanken fördern Ihre positive innere Einstellung gegenüber verärgerten Kunden:

- Eine Beschwerde kann Ihnen wertvolle Informationen für Verbesserungen in Ihrem Betrieb vermitteln.
- Der Kunde hat ein Problem mit Ihren Erzeugnissen und ist deshalb auf Ihre Hilfe und Ihren Rat angewiesen.
- Die Beschwerde ist manchmal auch eine persönliche Herausforderung, die Ihnen hilft, bisher unerkannte Fähigkeiten zu fördern.
- Gelingt es, den Kunden zufriedenzustellen und sein Problem zu lösen, kann das ein Erfolgserlebnis sein.
- Der Kunde ist kein „Reklamationsfall“, sondern ein Mensch mit Gefühlen.

Betrachten Sie die Beschwerde aus der Sicht Ihres Kunden: Was würden Sie an seiner Stelle denken und empfinden? Wie würden Sie reagieren? Was würden Sie erwarten? Was würde Sie zufriedenstellen? Welche Reaktion würden Sie für notwendig erachten, damit Sie mit einem guten Gefühl nach Hause gehen?

14.7 Unberechtigte Beschwerden

Prüfen Sie auch scheinbar unberechtigte Kundenbeschwerden sorgfältig. Vielleicht sind sie nur auf mangelnde Sachkenntnis zurückzuführen. Manchmal werden überzogene Ansprüche auch nicht wegen des Produktes oder der Behandlung gestellt, sondern sind auf übergangene Wünsche nach Anerkennung und Wertschätzung zurückzuführen.

15 Aktive Marktforschung

Marktforschung ist nicht nur eine Sache für Großunternehmen, sondern auch für landwirtschaftliche Betriebe, denen ein Hofladen angeschlossen ist.

Mit der Marktforschung lassen sich einige Fragen für Ihren Hofladen beantworten: Welche Produkte sind für den Markt geeignet? Welcher Markt ist für meine Produkte geeignet? Welche Produkte, die ich habe, sind für welche Käuferzielgruppe geeignet, und welche Artikel bevorzugt meine Zielgruppe?

15.1 Die Marktanalyse

Die Marktanalyse ist nicht nur für große Unternehmen ein wichtiges marktpolitisches Thema, sondern auch für Hofladenbesitzer und Direktvermarkter. Wenn Sie sich lokal positionieren wollen, ist es lebenswichtig, sich vorher über die vorliegende Marktsituation im Klaren zu sein. Beginnen Sie mit der Marktanalyse, bevor Sie sich in die Kosten für einen Hofladen stürzen. Damit schalten Sie einen Blindflug, der in der Regel sehr viel Geld und Zeit kostet, aus.

Mit einer Marktanalyse wird der Ist-Zustand des Marktes untersucht. Eine Marktanalyse ist eine Momentaufnahme vom augenblicklichen Marktgeschehen. Deshalb muss sie immer aufs Neue aktualisiert werden und wird niemals komplett abgeschlossen sein. Die Ziele der Marktanalyse sind

- wettbewerbsfähig zu sein,
- Aktualität zu zeigen,
- den Bekanntheitsgrad zu steigern,
- den Umsatz zu erhöhen,
- Kunden zu informieren,
- den Betrieb zu vergrößern,
- das Angebot zu vergrößern.

Die Kaufkraft der Bevölkerung ist in vielen Fällen von den unterschiedlichen Regionen abhängig. Das Kaufverhalten und die Akzeptanz regionaler und überregionaler Produkte sind nicht überall identisch. Was bei einem Betrieb in der Nähe einer Großstadt funktioniert, kann in ländlicheren Regionen völlig danebengehen. Daher ist es schwer zu pauschalisieren, welche Produkte wo am besten angeboten werden können. In der Großstadt zeichnet sich die Nachfrage durch andere Parameter aus als auf dem Land. Diese Frage klären Sie mit der eigenen Marktforschung. Bei der Analyse der Marktlage gilt es herauszufinden, welchen Bedarf die Bevölkerung in Ihrer Region hat und inwieweit er bereits durch andere Anbieter gedeckt wird.

- Gibt es bereits Hofläden mit einem ähnlichen Angebot in Ihrer Umgebung?
- Wie sieht die Preisstruktur aus?
- Was ist noch nicht im Angebot der anderen Hofläden enthalten?
- Kann man den Hofladen durch ein anderes Angebot ergänzen?
- Welche Produkte bietet der Wettbewerb an?
- Welche Marktstrategien sind bei den einzelnen Wettbewerbern vorhanden?

Methoden der Marktanalyse
Es gibt zwei Möglichkeiten, eine Marktanalyse zu erstellen: Sie können vom Schreibtisch aus Daten wälzen, Diagramme analysieren und im Internet surfen. Sie werden überall etwas finden, aber ob es Ihnen wirklich für die Umsetzung nützt, sei dahingestellt. Diese Statistiken sind für den Praktiker wenig tauglich. Die Übertragung der Ergebnisse aus den Statistiken in die Praxis birgt ein hohes Maß an Fehlerkomponenten. Überprüfen Sie daher die Daten, die Sie aus diesen Quellen ermitteln, ob sie für Ihre Region zutreffen und ob es auch Erfahrungswerte gibt.

Eine andere Methode der Marktanalyse, die für Ihre Zwecke wesentlich effektiver ist, ist die praktische Marktforschung. Analysieren Sie Ihr Umfeld, sammeln Sie Eindrücke, führen Sie Gespräche mit Kunden und Lieferanten, Bekannten und Freunden und studieren Sie das Kaufverhalten Ihrer Kunden. Andere Quellen für die Marktanalyse sind Jahrbücher, regionale Tageszeitungen, Verbandsnachrichten, Festschriften, Fachmagazine, Reiseführer, Inserate, Prospekte oder Kataloge.

15.2 Zielgruppen definieren

Viele mittelständische Betriebe möchten gerne den ganzen Markt bedienen. Am liebsten würden sie alle Kundengruppen befriedigen und für jeden Bedarf das Produkt in den Regalen haben. Doch leider führt das nicht zum Erfolg. Viele Unternehmen scheitern daran, dass sie ihre Zielgruppe nicht kennen. Sicherlich ist es praktisch, wenn Sie eine ganze Reihe von unterschiedlichen Kunden aus den unterschiedlichsten Schichten haben, aber Sie können es nicht allen recht machen. Jedes Produkt hat seine potenzielle Zielgruppe.
Mit der Beantwortung dieser Fragen können Sie Ihre Zielgruppe definieren:

- Wer kauft bei Ihnen welche Produkte?
- Was wird von der älteren Generation vornehmlich eingekauft?
- Warum kommen junge Kunden zu Ihnen?
- Welche Produkte werden von beiden Kundengruppen gekauft?
- Worauf legen die Kunden bei Ihnen Wert?
- Welche Produkte werden von vermögenderen Kunden gekauft?

- Was spricht die Durchschnittskunden an?
- Welche Produkte verkaufen Sie nur an eine ganz kleine Kundenschicht?

Je spezifischer Ihr Angebot ist, desto größer muss das Einzugsgebiet des Hofladens sein. Je besser Sie den Bedarf und das Bewusstsein der Kunden kennen, desto besser können Sie werben und gezielt auf Ihre Produkte aufmerksam machen. Es brächte recht wenig, im Altersheim Werbung für die Skaterbahn zu machen. Die Kunden, die bisher zu Ihnen kommen, gehören zu Ihrer potenziellen Zielgruppe.

Wie sieht es mit dem sozialen Umfeld aus? Ist Ihre Umgebung eher ländlich orientiert oder städtisch? Sind Ihre Kunden eher konservativ oder offen, eher traditionell oder an Neuem interessiert? Diese Fragen sind besonders dann wichtig, wenn Sie Ihren Hofladen vorwiegend regional etablieren wollen. Auch die wirtschaftliche Struktur ist wichtig für den Erfolg Ihres Hofladens, denn sie bedingt die Einkommenssituation der Kunden.

Einteilung der Zielgruppen
Zu den **demografischen** Kriterien einer Zielgruppe zählen Alter, Geschlecht, Familienstand, Haushaltsgröße und Wohngegend der Kunden. Zu den **sozioökonomischen** Kriterien gehören der Beruf, die Schulbildung und das Einkommen.

So könnte Ihre Zielgruppe charakterisiert sein:
Traditionelle Zielgruppe
- Die aufgeschlossene Häusliche
- Der Bodenständige
- Die bescheidene Pflichtbewusste

Gehobene Zielgruppe
- Die Arrivierten
- Die neue Familie
- Die jungen Individualisten

Moderne Zielgruppe
- Die Aufstiegsorientierten
- Die trendbewussten Mitmacher
- Die Geltungsbewussten

Jugendlich-moderne Zielgruppen
- Die fun-orientierten Jugendlichen
- Die Angepassten
- Der Coole

Checkliste Marktforschung

Wettbewerb
- Schauen Sie sich andere Anbieter vor Ort an.
- Mit wem können Sie kooperieren?
- Wer sind die wichtigsten Wettbewerber auf dem Markt?
- Welche Wettbewerber werden auf dem Markt noch auftreten?
- Gibt es in Ihrer Umgebung ähnliche Leistungsangebote?
- Wie vermeiden Sie preisliche Auseinandersetzungen mit dem Wettbewerb?

Kaufverhalten
- Welche Produkte liegen bei Ihren Kunden im Trend?
- Welche Produkte decken den täglichen Bedarf?
- Was kaufen die Kunden vorwiegend bei Ihnen ein?
- Welche Produkte kaufen die Kunden nicht bei Ihnen?
- Wie oft kommen Ihre Kunden zu Ihnen?
- Haben Sie mehr Laufkunden, oder mehr Stammkunden?

Vertriebswege
- Können Ihre Produkte über Zweigstellen verkauft werden?
- Können Sie Ihre Erzeugnisse auch über andere Vertriebswege, z. B. Hotels, Tourismus, verkaufen?
- Wie sieht es mit dem Verkauf auf Wochenmärkten, Bauernmärkten aus?
- Können Ihre Erzeugnisse verschickt werden?

Ihre Zielgruppe
- Kennen Sie Ihre direkte Kundengruppe?
- Kennen Sie die Interessen Ihrer Zielgruppe?
- Können Sie Ihre Zielgruppe in Worten definieren?
- Ist Ihre Zielgruppe in den nächsten Jahren wachstumsfähig?
- Zählen Sie sich selbst zur Zielgruppe?
- Wissen Sie, wie Ihre Zielgruppe Ihre Leistung beurteilt?
- Wissen Sie, wo Ihre Zielgruppe bisher Kunde ist?
- Kennen Sie die Kaufgewohnheiten Ihrer Zielgruppe?
- Reagiert Ihre Zielgruppe empfindlich auf Preiserhöhungen?
- Ist Ihre Zielgruppe aufnahmefähig, wenn Sie Ihr Angebot erweitern?
- Überlegen Sie, die Kunden bei Entscheidungsfindungen einzuplanen?

Erwartungshaltung
- Welche Zahlungsbereitschaft besteht für Ihre Kunden?
- Fühlt der Kunde sich bei Ihnen wohl?
- Kennen Sie die Kundeninteressen aus Ihrer Marktanalyse?
- Bieten Sie zusätzliche Serviceleistungen?

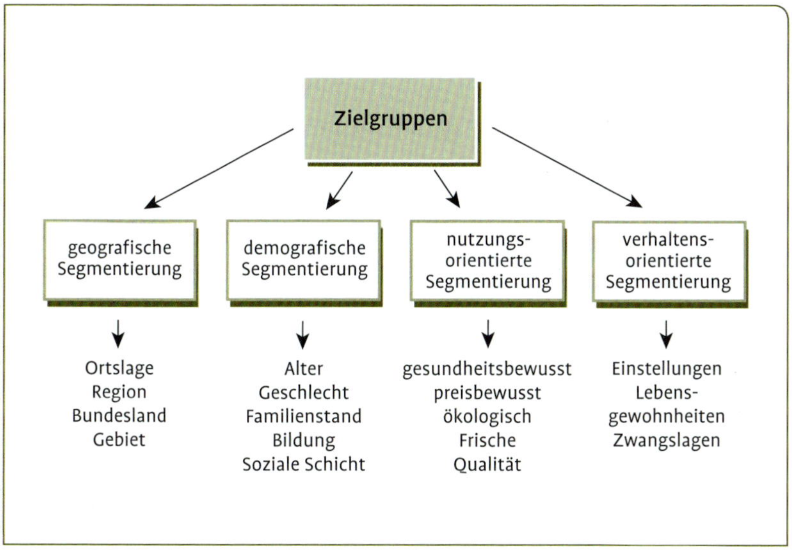

Je genauer Sie Ihre Zielgruppe kennen und definieren, desto besser können Sie planen.

Fragebögen im Hofladen

Um die Kunden Ihres Hofladens besser kennenzulernen und Ihre Zielgruppe definieren zu können, gibt es die Möglichkeit, einen Fragebogen zu entwickeln, den Sie im Hofladen auslegen und von den Kunden anonym beantworten lassen:

- Wie zufrieden sind Sie mit der Produktqualität in unserem Hofladen?
- Wie zufrieden sind Sie mit der Freundlichkeit und Bedienung durch das Personal?
- Wie zufrieden sind Sie mit dem Preis-/Leistungsverhältnis?
- Wie gefällt Ihnen das äußere Erscheinungsbild des Hofladens?
- Wie beurteilen Sie die Sortimentspalette/Produktvielfalt in?
- Bekommen Sie immer alle Waren, die Sie einkaufen möchten?/ Welche Produkte fehlen?
- Haben Sie das Unternehmensleitbild schon einmal gelesen?/ Was halten Sie davon?
- Was können wir aus Ihrer Sicht besser machen?
- Sind Sie Stammkunde bei uns?
- Wann kaufen Sie überwiegend bei uns ein?
- Wie oft kaufen Sie durchschnittlich in der Woche bei uns ein?
- An welchen Tagen kaufen Sie vorwiegend ein?
- Statistische Angaben: Alter und Geschlecht
- Wie viele Personen leben in Ihrem Haushalt?
- Sind Sie an regelmäßigen Informationen von uns interessiert?

15.3 Neue Märkte erschließen

In einer Wein- oder Obstbauregion ist der Verkauf von Wein und Obst in entsprechender Dichte vorhanden und die Konkurrenz der Hofläden hoch. In städtischen Regionen gibt es ebenfalls genügend Wein und Obst zu kaufen. Dort wird der Konkurrenzdruck von den Händlern übernommen. In beiden Gebieten gibt es also eine ausreichende Versorgung mit diesen Lebensmitteln und der Bedarf ist gedeckt. Sie als Direktvermarkter haben aber die Möglichkeit, das Bewusstsein der städtischen Kunden zu ändern und durch entsprechende Werbemaßnahmen die Kunden dazu zu bringen, aufs Land zu fahren, um dort einzukaufen. Damit erschließen Sie sich neue Märkte.

15.4 Ihr Marktanteil

Der gesamte Markt wird durch alle Anbieter abgedeckt. Der Markt, der durch Sie abgedeckt werden kann, ist auf Ihre Produkte spezialisiert. Dieser Teilmarkt deckt immer nur einen Teil des Gesamtbedarfs ab.

Beispiel Bioprodukte: Zum Gesamtmarkt gehören alle landwirtschaftlichen Produkte. Die Teilmärkte setzen sich aus den konventionell produzierten, den integriert produzierten und den biologisch produzierten Erzeugnissen zusammen.

Beispiel Apfelmarkt: Zum Gesamtmarkt zählen alle Früchte. Zu den Teilmärkten das Obst, das Gemüse, die Südfrüchte, die Nüsse usw. Der Teilmarkt Obst untergliedert sich in Äpfel, Birnen, Kirschen usw.

15.5 Der Marktlage anpassen

Der eigene Erfolg ist unabdingbar auch mit der wirtschaftlichen Lage verbunden. Es ist die dritte Dimension neben der eigenen Persönlichkeit und dem eigenen Betrieb. Die Marktlage ist jene Variable, die wir nicht durch eine Bewusstseinsänderung der Kunden beeinflussen können. Wie oft hört man Menschen klagen, die die Marktlage für jeden Misserfolg verantwortlich machen. Dazu eine kurze beispielhafte Episode:

Ein Mann in New York hatte ein kleines Geschäft mit einem Hot-Dog-Stand aufgebaut. Er hatte den Traum, später einmal einen richtigen Hot-Dog-Laden zu besitzen. Er war dabei so glücklich, dass die Menschen gerne bei ihm kauften und er bald seinen Stand vergrößern musste. Sein Sohn studierte und als er nach einem halben Jahr wieder einmal zu Hause war, kam sein Vater auf seinen Traum zu sprechen. Sein Sohn erwiderte: „Wir befinden uns mitten in einer Rezession, die Leute haben kein Geld mehr. Spare Deine Mühe, die Zeiten sind vorbei!“ Doch der Vater versuchte, weiter an seinen Traum zu glauben, aber es gelang ihm nicht mehr so recht. Wenn er genauer in die Augen seiner Kunden sah, fand er in ihren Gesichtern einen leicht verbissenen Ausdruck. An diesem Tag hatte er weniger umgesetzt als sonst. In der nächsten Zeit schien ihm der Traum vom eignen Laden immer lächerlicher. Es gab schließlich immer mehr Beweise dafür, dass sein Geschäft nicht das Wahre war. So zog er sich immer mehr zurück und sprach auch immer weniger mit seinen Kunden. Nach einem Jahr war der Laden verschwunden. „Ja", sagte daraufhin der Vater mit gesenktem Kopf zu seinem Sohn, „Du hast recht gehabt. Wir haben Rezession."

Sicherlich kennen Sie auch solche Trugschlüsse: „Die wirtschaftliche Lage ist schuld", „Die Kunden kaufen nicht mehr so viel ein", „Die anderen haben ein größeres Angebot", „Daran kann ich nichts ändern". Versuchen Sie nicht, die Marktsituation zur Verantwortung zu ziehen. Das kostet jede Menge Kraft und Energie, aber bringt keinerlei Nutzen. Passen Sie Ihre Person und Ihren Betrieb an die Marktlage an. Dann erkennen Sie Trends und Richtungen.

15.6 Die Produkt-Lebens-Kurve

Viele Produkte auf dem Markt unterliegen der Produkt-Lebens-Kurve. Sie zeigt die Entwicklungskurve eines Produktes von der Entwicklung bis zum Rückgang auf dem Markt. Das gilt vor allen Dingen bei Trendprodukten. Gerade bei diesen Produkten kann man diese Kurve als Direktvermarkter miterleben. Anfangs kaufen die Kunden verstärkt diese Produkte und nach einer gewissen Zeit fragt niemand mehr danach. Wer diesen Zyklus kennt, weiß, wann er mit welchen Produkten einsteigen muss. Ansonsten besteht die Gefahr, dass Sie diese Produkte zu spät ins Sortiment aufnehmen, wenn die Nachfrage nicht mehr besteht.

In der **Entwicklungsphase** steht die Idee für ein neues Produkt, das es noch nicht auf dem Markt gibt. Es sind viele Faktoren notwendig, um dieses Produkt zur Marktreife zu bringen: geschmackliche Zusammensetzung, gesetzliche Bestimmungen, kostendeckende Herstellung. Das alles kostet Zeit und Geld.

Wenn Sie Ihr Produkt (z. B. einen Likör, eine Gewürzmischung o. Ä.) auf Herz und Nieren geprüft haben, können Sie es im Verkauf anbieten. In dieser **Einführungsphase** werden Sie aber feststellen, dass vielleicht nur ein kleiner Teil der Kunden dieses Produkt kauft, während es vom anderen Teil kritisch betrachtet wird und wieder andere es vollkommen ignorieren.

Natürlich müssen Sie das Produkt auch bewerben. Das sollte zum richtigen Zeitpunkt geschehen: Wenn Sie es zu früh bewerben, kann es sein, dass die Kunden in Ihren Hofladen kommen, ohne dass Sie sie beliefern können; machen Sie die Werbung zu spät, dann müssen Sie das Produkt zu lange lagern. Auch die Produkteinführung kostet Geld.

Nach einem erfolgreichen Marketing beginnt die **Wachstumsphase**, in der die Zahl der Interessenten steigen wird. Die Kunden erfahren durch die Anzeigenwerbung oder Mundpropaganda von dem Produkt.

In der **Reifephase** wird das Produkt zum Selbstläufer. Jetzt erst kommt die Gewinnphase. Das Produkt rechnet sich und das Marketing wirkt erfolgreich bei Ihren Kunden.

Irgendwann tritt ein **Rückgang** der Nachfrage ein. Das Interesse an dem Produkt nimmt ab, die Neugier der Kunden ist befriedigt. Dann birgt das Produkt die Gefahr eines Ladenhüters. Die Umsatzzahlen aus der Reifezeit des Produktes werden nicht mehr erreicht.

Ob der Lebenszyklus des Produktes früh beendet wird oder lange andauert, entscheiden die Kunden.

Der Erfolg eines Produktes am Markt lässt sich in einer **Portfolio-Matrix** klassifizieren. Mit dieser Matrix können Sie alle Ihre Hofladenprodukte einordnen:

Stars haben einen hohen Marktanteil und ein hohes Marktwachstum. Sie werfen hohe Erträge ab und befinden sich im Produkt-Lebens-Zyklus an der Spitze der Entwicklung (z. B. Nachfrage nach Winzer-Essigen und anderen Trendprodukten).

Melk-Kühe haben einen hohen Marktanteil, aber ein niedriges Marktwachstum. Es werden zwar hohe Erträge erwirtschaftet, aber der Gesamtmarkt wächst nicht mehr. Beispiele sind Obst und Gemüse.

Faule Hunde haben einen niedrigen Marktanteil und ein niedriges Wachstum. Die Produkte sind umsatzschwach und machen nur noch niedrige Gewinne. Der Lebenszyklus dieser Produkte ist bereits in der Endphase. Beispiele sind gering nachgefragte Kartoffelsorten, die aber von speziellen Kunden verlangt werden.

Nachwuchsprodukte haben einen niedrigen Marktanteil, bewegen sich aber im Bereich hoher Zuwachsraten. Sie werfen nur geringe Gewinne ab, können aber die Stars der Zukunft sein. Beispiele sind Convinience-Food im Hofladen.

15.7 SWOT-Analyse: Jeder Hofladen ist individuell

Es mag noch so viele Hofläden geben: keiner gleicht dem anderen. Die Strukturen und Verkaufsstrategien sind vollkommen unterschiedlich. Der Grund liegt in der persönlichen Beziehung zu den Produkten und zum Verkauf. Eine interessante Auswertung Ihres persönlichen Hofladenprofils bildet die sogenannte SWOT-Analyse: **S**trengh (Stärken), **W**eakness (Schwächen), **O**pportunities (Chancen), **T**hreats (Risiken).

15.7.1 Stärken und Schwächen

Überlegen Sie sich Ihre Stärken, das was Sie als Hofladenbesitzer und Direktvermarkter auszeichnet und was Sie gut können. Mit Ihren Stärken können Sie bei den Wettbewerbern auftrumpfen. Vielen sind Ihre Stärken oft nicht bewusst. Ein bloßes Dahersagen mit „vielleicht" oder „eventuell" zählt hier nicht. Wichtig ist, dass Sie versuchen, Ihre Stärken in Worte zu fassen und als Begriffe zu definieren. Das Ergebnis könnte so aussehen:

Ihre Stärken

- Gute Kommunikationsfähigkeit mit Kunden.
- In Beratungsgesprächen und bei Kundenproblemen Ruhe zu bewahren.
- Dem Kunden zuhören zu können.
- Gute Fachkenntnis über Erzeugung, Zubereitung und Weiterverarbeitung der Produkte.

Die Stärken Ihres Hofladens

- Gute Verkehrsanbindung.
- Auswahl vieler Produkte.
- Übersichtliche Anordnung der Produkte.
- Möglichkeiten zum Probieren.

Ihre Schwächen

Natürlich haben Sie nicht nur Stärken. Auch Ihre eigenen Schwächen sollten Sie kennen. Aber stellen Sie Ihr Licht nicht unter den Scheffel. Unendlich viele Schwächen gegenüber ein paar Stärken aufzuzählen, ist wenig sinnvoll. Notieren Sie Ihre Schwächen. Lassen Sie sich Ihre Schwächen am besten von fremden und kritischen Personen definieren. Dann haben Sie auf jeden Fall eine bessere und sicherere Trefferquote. Das Ergebnis könnte so aussehen:

Die Schwächen Ihrer Person

- Scheu, den Kunden etwas aktiv anzubieten.
- Im Beschwerdegespräch unruhig zu werden.
- Im Kundengespräch zu viel zu reden.
- Sich schnell in die Ecke drängen zu lassen.

Stärken und Schwächen kennen, Risiken abschätzen, Chancen ergreifen, in allen großen Unternehmen werden regelmäßig SWOT-Analysen durchgeführt.

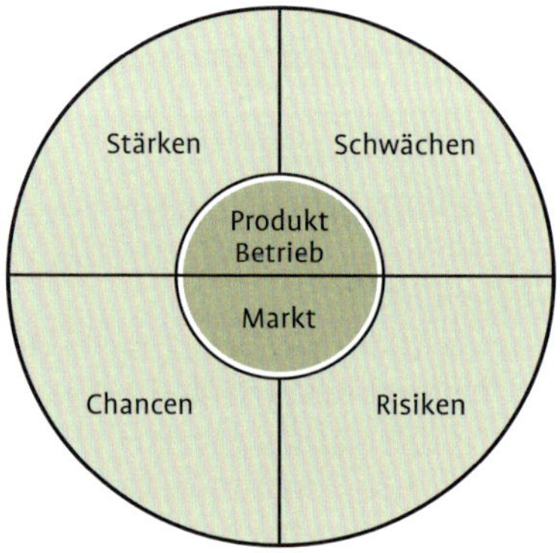

Die Schwächen Ihres Hofladens
- Angebot geht in die Tiefe, aber nicht in die Breite.
- Keine große Produktvielfalt bei anderen Obstsorten.
- Ungünstige Verkehrsanbindung.
- Ungenügende Parkmöglichkeiten.

Ihre Chancen
Im Gegensatz zu den Stärken und Schwächen, die Sie und Ihren Hofladen kennzeichnen, sind Ihre Chancen eher vom Markt abhängig. Chancen können Sie erkennen, wenn Sie die Möglichkeiten betrachten, die Sie für die zukünftige Erschließung neuer Kundenpotentiale nutzen können. Durch eine gute Verkehrsanbindung können Sie zum Beispiel durch Aktionswochen neue Kunden gewinnen. Das Ergebnis könnte so aussehen:

Ihre Chancen am Markt:
- Ideen schnell umzusetzen und sich dem Markt anpassen zu können.
- Der Hofladen liegt nah an einem Wohngebiet.
- Frische Produkte zu jeder Zeit.
- Genügend Platz, um den Hofladen erweitern zu können.

Ihre Risiken
Risiken entstehen, wenn auf dem Markt Veränderungen eintreten, die sich nachteilig für Ihren Hofladen entwickeln können. Das kann zum Beispiel eine Gesetzesänderung sein, der Bau einer neuen Straße oder die Eröffnung eines Hofladens in der Nachbarschaft. Solche Gefahren sollten Sie abzuschätzen versuchen, damit Sie nicht blauäugig investieren und später vor großen Umsatzeinbußen stehen. Natürlich können Sie nicht alles einbeziehen, aber Sie können Vorsorge treffen. Selbst neue Produkte bergen ein gewisses Risiko: sie können als La-

denhüter liegen bleiben oder zum Verkaufsschlager werden. Das Ergebnis der Risikoanalyse könnte so aussehen:

Ihre Risiken
- Ein neues Produkt kann von anderen imitiert werden.
- Die Rechtslage kann sich ändern.
- Hohe Einstiegskosten bei einer neuen Produktherstellung.

Füllen Sie Ihre SWOT mit Leben
Nur Stärken und Schwächen als auch Chancen und Risiken aufzuzählen, nützt Ihnen wenig. Viel wichtiger ist der nächste Schritt: die SWOT-Analyse gewinnbringend einzusetzen. Wandeln Sie die erarbeiteten Parameter in Ihre Leistung um und entwickeln Sie daraus Ihre Leistungsmerkmale. Schwächen können Sie nicht einfach wegradieren, aber Sie können Schwächen überbrücken oder Wege finden, Probleme anders zu lösen. Wenn es gerade einen neuen Trend gibt, mit dem Sie sich identifizieren können, gibt es für Sie entsprechende Chancen auf Erfolg. Wenn Sie Risiken am Markt kennen, können Sie ebenfalls darauf reagieren und einer Pleite aus dem Weg gehen.
Beispiele:
- Sie können gut kommunizieren. Dann nützt es Ihnen sehr viel, wenn Sie Ihre Energie in Verkaufs- und Beratungsgespräche investieren.
- Sie sind flexibel. Das bringt Vorteile bei der Kundenberatung. Sie können sich gut auf die unterschiedlichsten Kundentypen einstellen.
- Sie sind künstlerisch begabt. Dann können Sie den Verkaufsraum ansprechend gestalten.
- Sie reden manchmal zu viel. Das können Sie damit überbrücken, dass Sie den Rededrang in Fragen an den Kunden investieren.
- Ihr Angebot geht in die Tiefe, aber nicht in die Breite. Sie können sich auf eine bestimmte Produktpalette spezialisieren und darauf Ihre Werbung ausrichten.

Entwickeln Sie Ihre Produktstärken
Aus diesen Werten heraus entwickelt sich Ihr Alleinstehungsmerkmal. Damit haben Sie einen Trumpf in der Hand, den kein anderer in dieser Form ausspielen kann. Dieses Profil ist für jede Person und jedes Geschäft spezifisch. Hier liegt Ihre Stärke gegenüber der Konkurrenz. Viele erfolgreiche Menschen und Unternehmen kennen ihre Möglichkeiten am Markt. Sie entwickeln daraus ihr Selbstvertrauen und ihr Selbstwertgefühl. Beide zusammen erzeugen ihren Idealismus und letztendlich ihre Leistungskraft, die ihnen am Markt auf jeden Fall eine Chance bietet. Damit haben Sie eine Formel, mit der Sie Ihre Marktposition besser bestimmen können.

Checkliste Veränderungen

Welche konkreten Veränderungen gab es in Ihrem Betrieb in den letzten fünf Jahren?

- Produktpalette
- Anzahl der Arbeitskräfte
- Betriebspräsentationen
- Imagegewinn
- Marketing
- Weiterbildung
- Zukauf von Flächen, Bau von Gebäuden
- Kommunikationsmittel zur Kundengewinnung
- Serviceleistungen

Gibt es oder gab es Veränderungen in der Verkaufsstrategie?

- Werden nur Endkunden beliefert?
- Wird in Genossenschaften abgeliefert?
- Werden auch Wiederverkäufer beliefert?
- Erfolgt der Verkauf nur im Hof oder wird ausgefahren?
- Werden Produkte versendet?

Haben Sie bei Mitbewerbern Veränderungen in der Verkaufsstrategie oder im Verkaufsverhalten festgestellt?

- Werden neue Produkte aktuell?
- Wie sehen die bisherigen Produktpaletten der Mitbewerber aus?
- Wie ist die Vermarktungsstrategie der anderen?

Haben sich auch Veränderungen bei den Mitbewerbern eingestellt?

- Welche sind für Sie günstig?
- Welche sind für Sie ungünstig?
- Welche sehen Sie kritisch an?

Erleben Sie ein verändertes Kaufverhalten in Ihrem Betrieb?

- Wie sieht das Kaufverhalten aus?
- Ist es eher positiv oder negativ für Ihre jetzige Situation?
- Wie können Sie sich darauf einstellen?

Werden Sie bei dem Verkauf auf Ihre Produkte angesprochen?

- Herkunft des Produktes?
- Erzeugungsart des Produktes?
- Rückstände in den Produkten?
- Ethische Gesichtspunkte?

Sehen Sie für sich die Notwendigkeit, sich mit diesen eher untergeordneten Produkteigenschaften und Hintergrundinformationen auseinanderzusetzen?

- Als Verkäufer beim Kunden?
- Als Einkäufer beim Großhändler oder Erzeuger?

Was schätzen Ihre Kunden besonders? Wo können Sie besser werden?

Kunden kaufen aus verschiedenen Gründen bei Ihnen ein. Denken Sie einmal in Ruhe über die Stärken und Schwächen Ihres Sortiments nach.

- Qualität:
- Preis:
- Umwelt:
- Herstellung:
- Erzeugung:
- Gesundheit:
- Sonstiges:

15.8 Wettbewerbsanalyse

Nicht nur die Entwicklungstendenz des eigenen Betriebes ist wichtig, sondern auch die Entwicklung des Wettbewerbs. Sie sollten die Wettbewerber bei der Marktforschung immer beachten. Machen Sie sich ein klares Bild über deren Angebot und Erzeugnisse.

Der Sinn der Wettbewerbsanalyse liegt darin, die Strategie der Wettbewerber zu erkennen und entsprechende Maßnahmen zu ergreifen.
- Wer sind Ihre Hauptkonkurrenten?
- Was bieten Sie gegenüber der Konkurrenz an?
- Wie lassen sich die Konkurrenzinformationen auswerten?

Vertriebswege der Mitbewerber

Meist werden die Produkte zentral vom Hofladen direkt an den Kunden verkauft. Die Kunden kommen direkt zu Ihrem Laden. Ein Verkauf von landwirtschaftlichen Erzeugnissen über Verkaufsstellen ist ein Service, an den sich Kunden sehr schnell gewöhnen, weil es bequemer ist und die Qualität nicht darunter leidet. Wenn Sie in diesen Markt eindringen, müssen Sie Ihren Kunden entweder die gleichen Möglichkeiten bieten, oder Sie bieten ihnen andere Vorteile in Ihrem Hofladen.

Vertriebsdichte durch Mitbewerber

Machen Sie sich ein Bild davon, wie die Verkaufsstellen in Ihrer Region verteilt sind. Welche Gebiete sind abgedeckt? Welche Gebiete sind bevölkerungsarm? Eine gute Möglichkeit, den Überblick über die Vertriebsdichte zu behalten, bietet eine Landkarte, auf der Sie mit Nadeln die Hofläden und Verkaufsstellen markieren.

Die Kunden der Mitbewerber

Welche Kunden kaufen in den Hofläden Ihrer Mitbewerber und welches Image haben die einzelnen Hofläden? Vielleicht unterscheiden sich die einzelnen Höfe, sicherlich gibt es Direktvermarkter, bei denen vorwiegend die gehobenere Schicht einkauft.

Die Werbung der Mitbewerber

Werten Sie die Anzeigen der Wettbewerber in Tageszeitungen, Wochenblättern, Brief- und anderen Werbeaktionen aus. Wie häufig werben sie mit welchen Produkten zu welcher Jahreszeit? Welche Zielgruppen sprechen Ihre Konkurrenten an und wie reden Kunden anderer Hofläden über deren Image?

16 Preisbildung und Preisgestaltung

Preisbildung
Wenn Sie an einem Standort der einzige Anbieter sind, sollten Sie eine andere Preiskalkulation machen, als wenn Sie im Wettbewerb mit vielen anderen Konkurrenten stehen. Die **nachfrageorientierte Preisbildung** richtet sich nach Angebot und Nachfrage. Vor allem neue Produkte und Dienstleistungen sind dort angesiedelt, da die Nachfrage im Gegensatz zum allgemeinen Angebot sehr hoch ist.

Die **wettbewerbsorientierte Preisbildung** hingegen herrscht meist bei Produkten vor, die schon länger auf dem Markt sind und die fast überall angeboten werden. Sie sind schon lange kein Alleinstehungsprodukt mehr, sondern sind die klassischen Angebote.
Legen Sie fest:
- In welcher Preislage liegen Ihre Erzeugnisse und Handelswaren?
- Wie sieht es mit der Qualität und dem Image Ihrer Produkte aus?
- Welchen besonderen Service bieten Sie Ihren Kunden im Gegensatz zum Wettbewerb?
- Wo liegen sonst noch Ihre Stärken im Geschäft?

Preisgestaltung
Es gibt Preisschwellen, bei denen der Kunde gerade noch bereit ist, ein Produkt zu kaufen. Setzen Sie den Preis für ein Produkt nur einen Euro – manchmal auch nur ein paar Cent – höher an, so verkauft es sich wesentlich schlechter. Und das nicht aufgrund eines objektiv hohen Preises, sondern eines subjektiv hohen Preiseindrucks beim Kunden.
Dazu einige Beispiele:
- Bei 9 Euro ist der Kunde eher bereit zu kaufen als bei 10 Euro.
- Obwohl zwischen 14 und 15 Euro nur ein Euro Unterschied liegt, erscheint dem Kunden der erste Preis subjektiv billig, der zweite Preis teuer.
- Preise wie 1,99 Euro oder 4,99 Euro werden bewusst so knapp wie möglich unter der gerundeten Preisgrenze gehalten und wirken wie Supermarktpreise. Im Hofladen empfehlen sich daher tendenziell eher gerundete Preise wie 2 Euro, 5,20 Euro oder 29 Euro.
- Sollten Ihre Preise dennoch unter einer bestimmten Preisgrenze bleiben, setzen Sie Ihre Preise eher einige Cents nach unten: 1,95 Euro statt 1,99 Euro oder 2,90 Euro statt 2,99 Euro.

17 Imagebildung

Das aus dem lateinischen „imago" stammende Wort Image – auf Deutsch „Bild" – ist heute aus der Werbepsychologie und der Marktforschung nicht mehr wegzudenken. Wir Menschen haben die Eigenart, mit zunehmendem Alter und zunehmender Erfahrung immer von Kleinigkeiten auf das Gesamte zu schließen. Wenn wir uns beispielsweise in einem Lokal an einen Tisch setzen, auf dem noch die leeren Teller vom Vorgänger stehen, werden wir aus dieser Kleinigkeit ein Gesamtbild schließen, das uns einen negativen Eindruck des Restaurants verschafft.

Aus dem Empfinden heraus und dem Urteil anderer Menschen oder Medien bildet sich das Image eines Unternehmens oder einer Person, auch wenn das in manchen Fällen ein gewaltiger Trugschluss sein kann.

Das eigene Image ist nicht immer das, welches man sich vorstellt. Vielleicht sind Sie von Ihrem mannigfaltigen Angebot überzeugt. Findet ein Kunde darunter nicht, was er sucht, dann hat das zunächst keinen Einfluss auf das Image. Spricht dieser Kunden aber mit einem anderen Kunden, dem das Gleiche bei Ihnen passiert ist, dann bildet sich das Image, dass Ihr Hofladen nicht den Bedarf decken kann. Wenn mehrere solcher Ereignisse aufeinandertreffen verlieren Sie sogar Ihren Ruf. Aus der Summe dessen, wie Sie sich nach außen präsentieren, macht sich der Kunde sein Bild von Ihnen.

17.1 Selbstbild und Fremdbild

Stimmt die Vorstellung vom eigenen Image nicht mit der Realität überein, werden auch die erhofften Ziele nicht erreicht werden. Für das Image kann man keine Werbung machen, Image bildet sich. Selbst wenn Sie für tolle Produkte werben und gesunde Frische anpreisen, so wird das Image des Hofladens diese Werbung übertönen.

Selbstbild und Fremdbild sind für den Erfolg entscheidend. Beide spielen eine große Rolle wenn es darum geht, Kunden zu gewinnen und zu begeistern. Das **Selbstbild** ist jenes Bild, das Sie von sich selbst haben. Am besten ist es, wenn Sie sich ganz neutral ohne Bescheidenheit und Arroganz über Ihr Image im Klaren sind. Beim Selbstbild spielen aber natürlich noch eine Menge Ich-Faktoren eine Rolle, die das Ergebnis ins Positive wie auch ins Negative verfälschen kann. Hier werten Sie Ihre eigene Person mit eigener Gewichtung, ohne zu wissen, welche Gewichtung die anderen setzen. Das **Fremdbild** haben andere von Ihnen und Ihrem Hofladen. Es ist die Wirkung, die Sie auf andere ausüben und die Vorstellung, die andere von Ihnen haben. Das Fremdbild wird durch Ihr Auftreten, Ihr Qualitätsbewusstsein, Ihre Flexibilität und Ihre Kontinuität geprägt. Hören Sie, was über Sie gesagt wird, damit Sie Ihr Fremdbild einschätzen können.

17.2 Das Image Ihres Hofladens

Das Image Ihres Hofladens wird durch Ihre Produkte (z. B. Markenprodukte, Erzeugergemeinschaften, Verbände), Ihren Betrieb (z. B. saubere Betriebsführung, großes Angebot, besondere Frische, Service) und das Image Ihrer eigenen Person geprägt (z. B. Fachmann für bestimmte Produkte, besonders gute Produktauswahl).

Darüber hinaus wird Ihr Image dadurch beeinflusst, wie Sie am Markt präsent sind, wie Sie sich verhalten und wie Sie mit Ihrer Umwelt kommunizieren.

17.3 Image und alte Denkstrukturen

Oft haben die Kunden noch alte Denkstrukturen im Kopf, denen Sie auch bestimmt schon begegnet sind:

- „Jeder Biobauer trägt Gesundheitsschuhe, nimmt nur ökologisch unbedenkliche Nahrung zu sich und kleidet sich ausschließlich in Hanfkleidung."
- „Jeder konventionelle Landwirt spritzt viel und düngt mit Kunstdünger. Damit belastet er die Umwelt und es bleiben Rückstände in den Pflanzen."
- „Jeder Viehzüchter läuft nur mit Gummistiefeln auf dem Hof herum. Dort riecht es unangenehm nach Mist."

Wenn Sie beispielsweise eine große Auswahl an feinen Äpfeln in bester Qualität haben, nehmen Ihre Kunden Sie als Spezialist war, Sie haben ein gutes Image.

Das Image prägt sich oft durch die Medien oder die Schlagzeilen in den Zeitungen. Oft haben die Kunden keine Vorstellung von der Realität, mit der heute in der Landwirtschaft produziert wird. Dagegen hilft eine Aufklärung des Kunden durch Fachberatung, Einladungen zu Betriebsbesichtigungen im Rahmen von Hoffesten oder Infotagen, gläserne Produktion usw. Damit können Sie veralteten Strukturen entgegentreten und neue Vorstellungen erzeugen.

18 Gewerbeschau und Messe

Eine gute Möglichkeit, sich der lokalen Öffentlichkeit zu präsentieren, sind die Gewerbeschauen der Gemeinden oder lokale Messen und Ausstellungen. Sie werden nicht umsonst angeboten und wer dabei ist, ist im Gespräch. Es sind Veranstaltungen, auf denen vorwiegend lokale Firmen ihre Produkte präsentieren. Sie sind weniger branchenspezifisch, dafür mehr ortspezifisch, sprechen damit ein gewisses Einzugsgebiet an und sind deshalb für Sie als Selbsterzeuger sehr gut zur Kundengewinnung geeignet. Gewerbeschauen und Messen finden im Allgemeinen in regelmäßigem Turnus statt.

18.1 Einflussfaktoren auf den Messeerfolg

Bei Messeständen ist es wie mit Zeitungsanzeigen. Eine kleine Anzeige auf der richtigen Seite am richtigen Platz ist effektiver als eine größere in einem uninteressanten Teil der Zeitung. Nicht immer bringt der größte Messestand den größten Erfolg. Es kommt auf Sie an, welchen Platz Sie sich wählen und vor allem, was Sie aus dem Standplatz auf der Messe machen. Es gibt vier Faktoren, die den Erfolg Ihres Messeauftritts beeinflussen:

- Platzierung (z. B. hohe Kundenfrequenz an Ihrem Standplatz).
- Größe (z. B. ein vielfältiges Angebot und ein großes Sortiment).
- Originalität (z. B. ein Stand, der so ausgestattet ist, dass die Kunden auf jeden Fall neugierig werden).
- Einzigartigkeit (z. B. ist der Stand kurios ausgestattet, und die Besucher bleiben längere Zeit stehen).

Mit diesen vier Faktoren können Sie die Aufmerksamkeit der Kunden steuern. Dabei können sich die einzelnen Faktoren gegenseitig kompensieren: Originalität kann Größe dominieren, Platzierung kann der Einzigartigkeit unterliegen usw. Damit können Sie Faktoren, die nicht so günstig für Sie sind, ausgleichen und das Gesamtbild Ihres Messestandes sogar noch erhöhen. Je nach dem, welchen Faktor Sie herausstellen, kann er Ihren Stand zu einer Besonderheit machen.

18.2 Die Vorteile eines Messeauftritts

Geben Sie den Standbesuchern die Möglichkeit, Ihre Produkte mit allen Sinnen zu testen. Dazu gehört nicht nur, dass Sie ihn die Produkte anschauen lassen, sondern dass er sie auch anfassen, an ihnen riechen und sie probieren darf.

Es bietet sich keine bessere Chance, Ihre Produkte zu präsentieren, als der direkte Kontakt zwischen Ihnen und Ihren potenziellen Kunden. Keine Anzeige und kein Telefonanruf ist so wirksam wie Ihre

Welche Werbung ist für Ihren Hofladen die beste? Auch in diesem Bereich gibt es Spezialisten, die Sie bei Ihrer Planung beraten können.

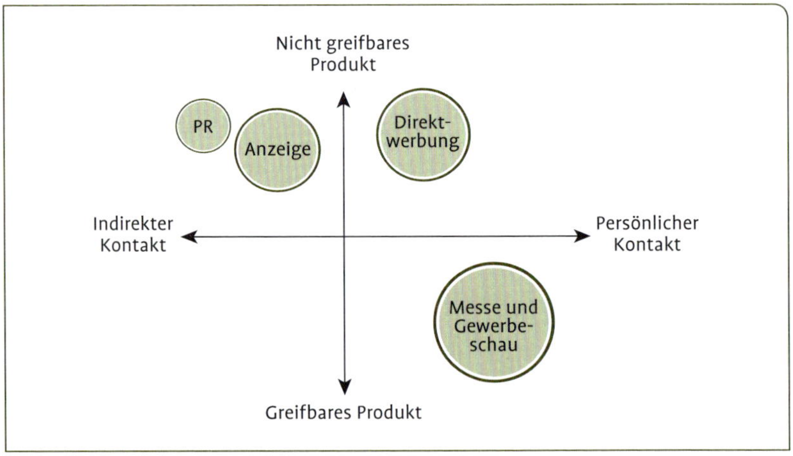

Präsentation vor Ort. Erst im persönlichen Gespräch können Sie den Besuchern die Kriterien beim Kauf Ihrer Produkte nennen, sie über die Produktionsbedingungen informieren oder ihnen die richtige Kartoffelsorte für das richtige Essen empfehlen.

Der Käuferabstand

Besucher halten beim Vorbeigehen auf Messen oder auf Bauernmärkten einen gewissen Abstand von Ihrem Stand. Sie gehen Sie nicht direkt an Ihren Tischen vorbei, sondern halten einen Abstand, der in der Regel 0,7 bis 1 Meter beträgt. Sprechen Sie die Kunden aktiv an, Ihre Produkte zu probieren, denn die wenigsten Menschen gehen interessiert auf neue Produkte zu. Diese natürliche Hemmschwelle müssen Sie vor allem bei Neukunden überwinden, damit sie sich für Ihre Produkte interessieren. Wenn Sie dieses Prinzip kennen, haben Sie einen gewaltigen Vorteil. Sie können Probierteller aufstellen. Dann verweilen die Kunden an diesen Stopps und können sich von der Qualität der Produkte überzeugen.

18.3 Vorbereitende Überlegungen

Um Ihren Messeauftritt sinnvoll zu planen, sollte Sie sich einige Fragen beantworten, die Ihnen den Überblick verschaffen:

- Welche Produkte sollen präsentiert werden?
- Wie viele Besucher werden erwartet?
- Wo kommen die Besucher her?
- Wie groß muss die Standfläche sein?
- Wie viel Personal brauchen wir?
- Welches Motto soll der Stand haben?
- Sollen Aktionen vorgeführt werden?
- Wie müssen die Messevorbereitungen ausgeführt werden?
- Wie groß ist der Messeaufwand?

18.4 Ihr Name ist Ihr Erkennungszeichen

Eine Messe ist für Sie kein 100 %iger Erfolg, wenn die Besucher Ihren Namen nicht kennengelernt haben. Ihr Name ist das unverwechselbare Markenzeichen, an dem die Kunden Sie und Ihre Produkte wiedererkennen. Stellen Sie daher Ihren Namen in den Vordergrund. Schließlich wollen Sie Neukunden gewinnen und Folgegeschäfte tätigen. Verknüpfen Sie daher, sooft es geht, Ihren Namen mit Ihren Produkten. Das erreichen Sie, indem Ihr Name und Ihr Logo auf jeder Stellage, jedem Handzettel und jedem Plakat aufgeführt sind.

Bevor die Besucher Ihren Stand verlassen, sollten Sie ihnen etwas Schriftliches in die Hand geben. Das kann Ihre Preisliste sein oder ein Prospekt Ihres Hofladens.

18.5 Wählen Sie einen kernigen Werbeslogan

Der Werbeslogan Ihrer Produkte kann lustig sein, aber erfüllt er auch seinen Zweck? Fachleute raten mittlerweile davon ab, dass Werbeslogans hauptsächlich lustig sein sollen und empfehlen eher sinnvolle Slogans, die informativ sind und die gewünschten Assoziation wecken. Ein gutes bekanntes Beispiel ist „Brille-Fielmann". Bei diesem Werbeslogan wird das Produkt automatisch mit dem Hersteller assoziiert, das schafft ein unverwechselbares Markenzeichen. Andere Beispiele für einprägsame Slogans sind der Automobilhersteller Toyota mit „Nichts ist unmöglich!" oder das Versandhaus Otto mit „Otto – find ich gut!". Alle diese Werbesprüche sind einfach und einprägsam aufgebaut. Wenn Sie sich selbst auf die Suche nach einem geeigneten Werbeslogan machen, sollten Sie Folgendes bedenken:

Der Werbeslogan sollte

- markant sein,
- aus höchstens fünf Worten bestehen,
- zu Ihnen passen,
- eventuell metaphorisch sein,
- mit Ihrem Namen zu tun haben,
- umgangssprachlich angelehnt sein.

Manche Slogans stehen heute bereits als Synonym für ein Produkt oder ein Unternehmen. Besonders gut eingeführte Produkte sind in der Lage, eine Sachbezeichnung durch einen Markennamen zu ersetzen, wie zum Beispiel Tempo, Maggi oder Cola.

18.6 Der Messestand

18.6.1 Die Wahl des geeigneten Messestandes

Der Standort auf der Gewerbeschau oder der Messe ist von entscheidender Bedeutung für den Präsentationserfolg. Je nachdem, welche Möglichkeiten Sie mit Ihrem Stand haben, können Sie Ihre Produkte unterschiedlich präsentieren und Aktionen durchführen.

Reihenstand
Der Reihenstand hat nur eine Standfront nach außen, die drei anderen Seiten sind nicht zugänglich. Er bietet wenig Schauseite und ist daher auch die preiswerteste Form der Ausstellungsfläche. Wenn Ihnen die Frontseite als Sichtseite genügt, bietet sich diese Form an.

Eckstand
Eckstände sind in der Anmietung teurer als Reihenstände, sie bieten dafür aber auch mehr Schaufläche, denn es sind zwei Wege, die an dem Stand vorbei führen. Eckstände sind beispielsweise ideal für die Demonstration einer Saft- oder Ölpressung, da Aktionen von zwei Seiten verfolgt werden können. Die Vorführungen bieten sich in der vorderen Ecke an, damit möglichst viele Besucher die Aktionen verfolgen können.

Durchgangsstand
Der Durchgangsstand hat den gleichen Vorteil wie der Eckstand: Er ist von zwei Seiten zugänglich, nur dass diese Seiten gegenüberliegen und mit den Seitenflächen eine Gasse bilden. Er kann wie der Eckstand gut zum aktiven Präsentieren innerhalb des Standes genutzt werden. Zuschauer können Aktionen ebenfalls von zwei Seiten aus verfolgen.

Kopfstand
Diese Standform hat drei freie Zugänge und bietet die dreimal mehr Zugangsfläche als der Reihenstand. Sein Preis liegt zwischen 20 und 40 % über dem des Reihenstandes, da die Kopfstände sehr begehrte Ausstellerpositionen darstellen. Sie sind sehr gut geeignet für zwei Aktionen gleichzeitig.

Inselstand
Inselstände sind von allen Seiten frei zugänglich und bieten die größtmögliche Schaufläche. Hier gibt es nahezu unbegrenzte Möglichkeiten der Aktionen und der Präsentationen. Der Aufmerksamkeitsfaktor ist sehr hoch. Verständlich, dass diese Stände in der höchsten Preisklasse angesiedelt sind.
Wenn Sie sich für ein Quadrat als Standfläche entscheiden, verwenden Sie statt eines mathematischen Quadrats ein optisches Quadrat. Das optische Quadrat ist für das Auge besser als Quadrat zu erkennen. Es muss dafür nur minimal breiter als tief zugeschnitten werden.

Ein doppelt so großer Stand bedeutet nicht einen doppelt so guten Stand, sondern zuerst nur doppelt so teureren. Ob ein größerer Stand wirklich eine Vielzahl mehr an neuen Kunden bringt, hängt von vielen Faktoren ab. Wenn sich Ihre Produkte auf einer zu großen Fläche

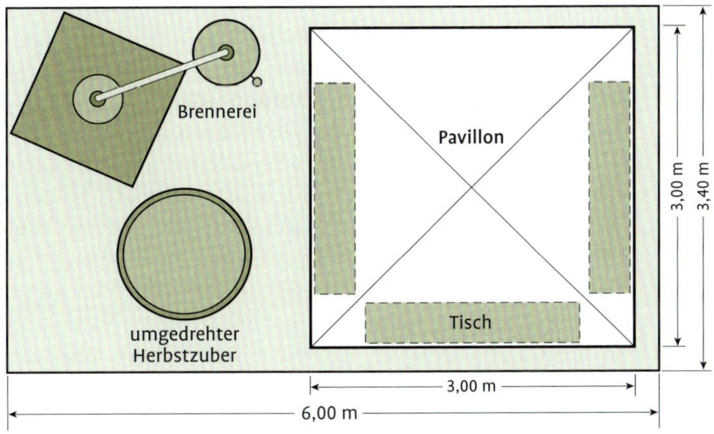

Ein Stand kostet Miete, nutzen Sie die Fläche für einen tollen, persönlichen Auftritt.

Beispielrechung für einen 12 m²-Stand

Ausstellerfläche (17,50 Euro/m²)	210,– Euro
Handzettel, Prospekte	123,– Euro
Dekorationsmaterial	100,– Euro
Stromkosten (in Ausstellerfläche enthalten)	
Wasserkosten (in Ausstellerfläche enthalten)	
Versicherung meist vom Veranstalter abgeschlossen	
Werbekosten	70,– Euro
Stehtische, Stühle Leihgebühr	25,– Euro
Getränke, Knabbereien	25,– Euro
Sonstiges	74,– Euro
Gesamtkosten:	**417,– Euro**

verlieren, ist das genauso sinnlos, wie ein zu kleiner Stand mit einer übermäßigen Anzahl an Produkten. Wählen Sie die Standgröße gemäß Ihrem Angebot, sodass Sie sowohl ansprechend dekorieren können, als auch etwas Fläche haben, um mit Kunden zu sprechen. Letztendlich kommt es nicht auf die Größe des Standes an, sondern auf die Ausnutzung und die Attraktivität.

18.6.2 Grundgrößen für die Standbauten

Die Höhen des Messestandes resultieren aus der Größe der Menschen. Hier werden die unterschiedlichen Höhen abgeleitet und ergeben die einzelnen Maße für die Sicht- und Griff-Höhen.

Die Maße 115, 185 und 225 cm sind Richtmasse, die an unseren Körper angepasst sind. 115 cm ist die ideale Höhe für eine Bedientheke und die unterste Höhe für Schriftfelder an der Wand. 225 cm ist die oberste Höhe für Schriftfelder. Namen, die von weiter Entfernung her gelesen werden sollen, müssen über einer Höhe von 225 cm angebracht sein, damit sie gesehen werden.

18.6.3 Die Standwände

Wählen Sie die Standwände nach der vorgesehenen Funktion aus, denn nicht alle Wände eignen sich für jeden Zweck: **Glatte, plane Wände** eignen sich für Bilder, Zeichnungen oder Schautafeln. **Glatte Sägezahnwände** sind darüber hinaus für die Darstellung von Entwicklungsstufen innerhalb eines Projektes geeignet, weniger aber für Zeichnungen. **Nischenwände** eignen sich für Bilder, Produkte oder zur Ausstellung von Geräten. **Regalwände** bieten sich an, wenn Sie Produkte, Prospekte oder Demonstrationsmaterialien ausstellen möchten. **Vitrinenwände** sind zur Präsentation hochwertiger Produkte wie Edelbrände in mundgeblasenen Flaschen, Pralinen oder kandierte Früchte geeignet.

18.6.4 Originelle Standausstattung

Individualität ist angesagt! Wichtig ist, dass der Stand Ihre persönliche Handschrift trägt. Planen Sie keinen Einheitsstand, sondern geben Sie dem Messestand Ihre eigene Note.

Die Ausstattung des Standes ist Ihre Visitenkarte und entscheidet darüber, ob Sie Aufmerksamkeit erlangen oder nicht. Ist Ihr Stand lieblos eingerichtet oder unsauber, geben Sie ein entsprechend unattraktives Bild ab. Ob Sie sich bei der Standausstattung auf eine verrückte oder eine exklusive Ausstattung festlegen, bleibt Ihnen überlassen. Ihrer Kreativität sind keine Grenzen gesetzt. Auf der Gewerbeschau gilt: je origineller, desto attraktiver für die Besucher.

Ein Stand sollte außerdem lebhaft wirken. Ein „Stillleben" ist für vorübergehende Besucher langweilig, vor allem, wenn zwei Stände weiter die Aktion eines anderen Ausstellers durchgeführt wird.

Checkliste für Gewerbeschau und Messe

Allgemeines
- Veranstalter der Messe
- Ausstellerbedingungen
- Anmeldeunterlagen
- Größe der Gewerbeschau
- Anzahl der Aussteller

Ihr Standplatz
- Ausstellungsfläche
- Lage des Ausstellerplatzes
- Durchfluss der Besucherströme
- Zahl der erwarteten Messebesucher
- Zahl der erwarteten Kunden
- Besucheranalyse
- Form des Standes
- Lage des Standes

Produkte
- Auswahl des Sortiments
- Blickfangprodukte
- Probeprodukte
- Preis und Rabatte, Messepreise
- Werbematerialien
- Preislisten
- Handzettel
- Hausprospekte
- Warenprospekte

Zubehör
- Getränke
- Gebäck

Gestaltung des Standes
- Einheitliches Erscheinungsbild
- Bausystem
- Stehtische
- Stühle und Tische

Abläufe am Stand
- Gehzonen
- Kontaktzonen
- Besprechungsplätze
- Standpersonal

Administrative Details
- Stromversorgung
- Wasserversorgung
- Müllentsorgung
- Anmeldetermin
- Anschluss zum Nachbarstand
- Beleuchtung des Standes
- Unterhaltungsmusik
- Auf- und Abbau
- Zufahrtswege
- Transport der Geräte und Produkte
- Dekorationselemente
- Bebilderung
- Beschriftung
- Standreinigung
- Eigene Werbung für Gewerbeschau
- Messeeinladungen
- Pressespiegel als Referenzen
- Besucherbefragung
- Ausstellungsdauer und -zeiten
- Werbebotschaften
- Eigenbau oder Fremdleistung

18.6.5 Licht und Farben

Einen großen Teil zur Präsentation tragen das Licht und die Farbkombinationen Ihres Standes bei. Wählen Sie bei den Farben zum Beispiel die Farben Ihres Logos. Bestrahlen Sie Ihren Stand vorzugsweise von oben her, im 45-Grad-Winkel nach unten gerichtet. Das bewirkt eine angenehme Beleuchtung und blendet die Besucher nicht.
Licht wirkt

- direkt von oben: erdrückend, aber mystisch, „überirdisch".
- von links oder rechts oben: angenehm, besonders, exklusiv.
- von der Seite: durch die direkte Anstrahlung „kommissarisch" wie im Verhör, blendend.
- von links oder rechts unten: blendend.
- von unten: „unterirdisch", hebend, mystisch.

18.6.6 Die Gestaltung der Informationstafeln

Gestalten Sie Ihre Standplakate und Informationstafeln übersichtlich und überschaubar. Zu viel Text überfordert die Besucher Ihres Standes. Halten Sie Texte in kurzen Textblöcken zusammen und beschränken Sie sich auf höchstens zehn Zeilen. Ergänzende Fotos und Zeichnungen vermitteln den Inhalt eindrucksvoller und besser. Damit erreichen Sie eine sehr hohe Informationsvermittlung innerhalb kürzester Zeit. Bevorzugen Sie dabei Aktionsfotos aus Ihrem Hofladen. Weiterhin gilt: Farbfotos vor Schwarz-Weiß-Bilder stellen, große Bilder gegenüber kleinen bevorzugen!

19 Veranstaltungen

Der beste Wochentag für eine Veranstaltung ist der Samstag. An diesem Tag haben die meisten Kunden Zeit, und Sie kommen mit dem Ladenschlussgesetz nicht in Konflikt.

19.1 Tag der offenen Tür

Öffnen Sie Ihre Tore für neue Kunden. Ein Aktionstag oder Tag der offenen Tür bietet die Möglichkeit, Ihren Hof und Ihre Produkte in lockerer Atmosphäre zu präsentieren.

Verlagern Sie dazu den Hauptanziehungspunkt weg von Ihrem Hauptangebot hin zu Erlebnisaktionen, zum Beispiel bunte und lustige Gesichtsbemalung für Kinder. Knüpfen sie daran Ihr Angebot an das bunte Obstangebot. Laden Sie auch die Presse zu ihrem Veranstaltungstermin ein. Originelle Aktionen sind immer ein willkommener Anlass für einen redaktionellen Beitrag.

Anlässe für einen Tag der offenen Tür ist

- die Erweiterung Ihres Hofladens,
- die Einführung neuer Produkte,
- ein Erlebnistag für Kinder,
- Probiertage,
- Jubiläen,
- die Einladung eines Prominenten oder eines Künstlers.

19.2 Halloween

Halloween wird auch in Deutschland in den letzten Jahren zunehmend spektakulär gefeiert. Wie Sie diesen Anlass für eine Aktion nutzen können, zeigt Ihnen dieses Beispiel eines Hofladens: Der Hofladenbetreiber eröffnete eine Ausstellung mit beleuchteten Kürbissen und richtete eine Schminkecke ein, in der drei professionelle Kosmetikerinnen gegen einen relativ günstigen Preis die Hofladenkunden zu „schrecklichen Gestalten" verwandelten. Durch diese PR wurde der Hofladen bekannt und gewann zahlreiche neue Kunden.

19.3 Aktionen an besonderen Tagen

Kleine Aktionen oder Überraschungen an Weihnachten oder Ostern sind nicht mit hohen Kosten verbunden und kommen bei Kindern besonders gut an. Zu Weihnachten benötigen Sie beispielsweise nur ein paar kleine Tüten, in die Sie einfach Adventsäpfel für die Kinder packen. Vier kleine Äpfel symbolisieren die vier Adventssonntage, an denen die Kinder jeweils einen Apfel essen dürfen. Sie können auch gleichzeitig einen besonderen Adventskalender für Kinder zum Verkauf anbieten: Eine Tüte mit 23 kleinen und einem großen Apfel ist

Checkliste Hoffest
Aktionsname:
Termin:

18–24 Wochen vorher
- Ideen für ein Thema sammeln (z. B. saisonbedingt),
- Größe der Veranstaltung planen,
- Veranstaltungsziel festlegen.

18–12 Wochen vorher
- Einladungsliste zusammenstellen,
- Räumlichkeiten festlegen,
- Programm planen,
- Künstler oder Referenten ansprechen,
- Bewirtungskonzept ausarbeiten,
- Zelte und Musik organisieren,
- Technik organisieren.

10 Wochen vorher
- Genehmigungen einholen,
- Einladungen und Anzeigen gestalten,
- Ehrengäste einladen,
- Prospekte und Plakate entwerfen,
- Presseeinladungen gestalten.

6 Wochen vorher
- Personal einplanen,
- Tische und Bänke organisieren,
- Ausschank und Bühne organisieren.

4 Wochen vorher
- Einladungen verschicken,
- Presseeinladungen versenden,
- Anzeigen, Plakate, Handzettel verteilen.

2 Wochen vorher
- Rückläufe kontrollieren,
- Räumlichkeiten vorbereiten,
- Dekorationsmaterial kaufen,
- Getränke und Essen organisieren.

1 Woche vorher
- wenn bereits möglich, aufbauen und dekorieren,
- Bänke stellen,
- Technik und Küche einrichten,
- Parkplätze markieren,
- sonstige Vorbereitungen treffen,
- Aufgaben an Personal verteilen.

Begeisterte Kinder bei einer Kürbisgeist-Schnitzaktion.

Kürbisse sind im Herbst eine bunte Wucht, vielleicht möchte die lokale Kunstschule auf Ihrem Betrieb einen Malkurs in der Herbstsonne anbieten?

ein besonders gehaltvoller Adventskalender, bei dem an jedem Tag anstatt Schokolade Vitamine angeboten werden. Mit einer Anzeige im Amtsblatt haben Sie dann den idealen Aufhänger für eine gelungene Aktion.

19.4 Einladungen

Verschicken Sie als Einladung zum Beispiel ein Foto von Ihrem Verkaufsraum, der schön dekoriert die Kunden einstimmt. Ein Foto von Ihrem Hofladensortiment macht viele neugierig und verbreitet eine gewisse Vorfreude. Auf der Rückseite drucken Sie einen Text, der die Kunden zu einem Besuch in Ihr Obstgut einlädt. Diese Aktion kostet sie nicht mehr als ein paar Fotos, von denen Sie das Beste auswählen, und einen Postkartenauftrag für 100 Postkarten bei Ihrem Kopiershop.

19.5 Veranstaltungen bewerben

Bunte Pfosten

Es gibt sicherlich eine Vielzahl von Ideen, wie Sie am Straßenrand für Ihre Produkte werben können. Eine interessante Werbung können Sie an den Zaun anbringen, der die Obstanlage umgibt. Anstatt die Pfosten in dem grauen Witterungston zu belassen, können Sie sie leuchtend anstreichen und einen Schriftzug hochkant anbringen, zum Beispiel Rubinette Äpfel, Apfelplantage Meier, etc. Der landwirtschaftliche Informationsdienst in Bern hat diese Idee in der Schweiz verwirklicht und knapp 600 Pfosten dieser Art im Land aufgestellt.

Große Hinweisschilder vor dem Ort sind auch von weitem gut zu lesen.

Figuren aus Stroh sind originelle Blickfänger für einen Hofladen.

Hohe Ballons

Eine wirkungsvolle Werbung sind Ballons, die 50 m über der Erde schweben. Es gibt Ballons, die 2 m Durchmesser haben und mit Gas gefüllt werden können. In der richtigen Höhe angebracht, haben Sie eine weitreichende Wirkung, wenn es um Aktionen wie Hoffeste oder Selbstpflücken geht. Damit sind Sie bereits weithin sichtbar und können auf sich gezielt aufmerksam machen.

Aufblasbare Figuren und Strohfiguren

Es gibt eine Vielzahl aufblasbarer Figuren auf dem Markt. Zum Beispiel überdimensionale Sektflaschen und andere Figuren, die sich für viele Möglichkeiten in der landwirtschaftlichen Direktvermarktung einsetzen lassen.

Tattoos für Hoffeste

Langlebige Erinnerungen für Kinder auf Hoffesten bieten Tattoos. Dazu können Sie sich Ihre eigenen Tattoos drucken lassen, die Sie als Eintrittskarte vergeben. Die Kunden können die Tattoos einfach mit Wasser anfeuchten und dann auf die Haut pressen. Nach zehn Minuten erscheinen die lustigen Bilder auf der Haut. Es gibt Anbieter, die diese Tattoos ab einer Abnahmemenge von 1000 Stück bereits für unter einem Euro pro Stück anbieten.

20 Präsentationen

Als Direktvermarkter sollten Sie Ihren Hofladen viel bewerben und in der Öffentlichkeit gut präsentieren können. Für die Vorstellung Ihrer Betriebsphilosophie oder Ihrer Produktpalette lohnt es sich, einige Grundregeln der guten Präsentationstechnik zu beherrschen.

20.1 Der Zweck der Präsentation

Gerade im Bereich der Lebensmittel werden wir von einer Vielzahl an Informationen überrollt. Viele dieser Informationen bestehen aus schwer verständlichen Zahlen, Daten und Fakten, die für den Laien nicht nachvollziehbar sind. Dieses Datenmaterial zu konkretisieren, klar und verständlich für die Zuhörerschaft aufzubereiten, überzeugend darzustellen und Eindrücke zu vermitteln, ist die Aufgabe einer Präsentation.

Eine Präsentation soll aber nicht nur Informationen vermitteln, sondern auch die Zuhörer auf eine anschauliche Weise mit dem Thema konfrontieren.

Im Verkauf ist die Präsentation ein Medium, andere Menschen von Ihren Produkten zu überzeugen. Dazu müssen Sie dem Zuhörer genügend nachvollziehbare Argumente und Informationen liefern, die ihn von Ihren Aussagen überzeugen.

Das was Sie sagen interessiert nur dann, wenn es auch von Interesse für die Zuhörer ist. Verfallen Sie nicht in endlose und langatmige Erklärungen. Die wichtigsten Fragen für eine Präsentation lauten:
- Wie lautet das Thema?
- Welcher Inhalt soll vermittelt werden?
- Wie lange soll die Präsentation dauern?
- Welches Ziel verfolgen Sie?
- Wer sind Ihre Zuhörer?
- Wie viele Zuhörer haben Sie?
- Sind Sie bei den Zuhörern im Vorfeld bekannt?
- Sprechen noch andere Redner?
- Möchten Sie mit Fakten oder Emotionen überzeugen?
- Welche Räumlichkeiten wählen Sie aus?

20.2 Vorbereiten einer Präsentation

Grundsätzlich sollte das „Drehbuch“ für Ihre Präsentation sehr sorgfältig ausgearbeitet sein. Das Wort „Drehbuch“ ist durchaus ernst gemeint, denn Ihre Ausführungen sollten neben den Informationen, die Sie verbal vortragen, auch einen genauen Leitfaden für andere Darstellungen wie Overheadfolien, Flipchartzeichnungen u. Ä. enthalten:

- Wann werden Exponate gezeigt?
- Wann werden Folien eingeblendet?
- Wann werden Zwischenfragen abgeklärt?
- Wann werden Pausen eingelegt?
- Welche Handouts werden wann verteilt?

Themenabgrenzungen und Kernpunkte
Legen Sie Ihre Themengrenze fest, damit Ihre Präsentation nicht langatmig und mit unnötigen Informationen überladen wird. Streichen Sie unwichtige Punkte sofort aus der Präsentation. Konzentrieren Sie sich auf die Kernaussagen. Integrieren Sie an den wichtigen Punkten die Möglichkeit für Anschauungsmaterial.

Je besser Sie Ihre Themenabgrenzung machen, desto gezielter können Sie auf die Kernpunkte Ihres Themas zu sprechen kommen.

Vorbereitung auf die Zuhörerschaft
Bevor Sie Ihrer Zuhörerschaft gegenübertreten, sollten Sie sich auf Ihre Zielgruppe vorbereiten. Halten Sie eine Präsentation über Ihre Erzeugnisse vor Ihren Kunden, so sollten Sie Argumente für den Kauf des Produktes liefern. Vor Wiederverkäufern sollten Sie die Aspekte ansprechen, die für den Verkauf sprechen.

Zuhörer haben eine gewisse Erwartungshaltung an Ihre Präsentation. Diese Erwartungen sollten Sie erfüllen.
- Wovon können die Zuhörer profitieren?
- Was muss erklärt werden?
- Worauf richten die Zuhörer ihren Fokus?
- Haben die Zuhörer Fachkenntnisse oder sind sie fachfremd?
- Wann ist Ihr Publikum an der Reihe?
- Kommen Ihre Zuhörer freiwillig oder werden sie geschickt?
- Welcher Altersgruppe gehören die Zuhörer an?
- Welche Erwartungshaltung haben Sie?
- Was wissen sie von Ihren Zuhörern?
- Welche Arbeitsmaterialien und Geräte benötigen Sie?

Es besteht auch die Möglichkeit, Ihre Zuhörer direkt nach Ihren Erwartungen zu fragen. Zum einen zeigen Sie dadurch Interesse an der Zuhörerschaft, zum anderen haben Sie Anhaltspunkte, auf was Sie näher eingehen können. Diese Fragen sind kein Muss und auch nicht überall möglich, aber wenn Sie sich sicher genug fühlen, den Vortrag individuell auszuschmücken, sollten Sie diese Chance nutzen.

Check vor der Präsentation
- Reicht die Bestuhlung aus?
- Ist die Temperatur angenehm?
- Ist gute Beleuchtung vorhanden?

- Sind alle Materialien vorhanden (Flipchart, Pinnwand, Moderationskoffer)?
- Sind die Geräte betriebsbereit (Beamer, Overhead, Diaprojektor, Video)?
- Sind Handouts vorbereitet?

20.3 Der Ablauf einer Präsentation

Nachdem Sie alle Teile der Präsentation sortiert, ergänzt und gekürzt haben, formen Sie daraus eine Einheit. Damit sichern Sie die Schlüssigkeit und die Übersichtlichkeit Ihrer Darstellungen. Visualisieren Sie, so viel Sie können. Ihnen stehen ausreichend Möglichkeiten zur Verfügung. Konkretisieren Sie Ihre Gedanken nach dem Zusammentragen der Informationen. Schreiben Sie die einzelnen Themengebiete je auf ein gesondertes Blatt, damit Sie später genügend Platz für ergänzende Informationen haben. Suchen Sie sich jetzt konkrete Zahlen und Belege für Ihre Präsentation zusammen.

Einleitung

Der erste Eindruck, den Sie auf die Zuhörer machen, entsteht über die Einleitung. Das Publikum weiß in der Regel nicht, wer Sie sind, über was Sie im Detail sprechen und wie der organisatorische und thematische Ablauf der Präsentation ist. Um dies zu klären, benötigen Sie in der Regel nicht mehr als zwei bis drei Minuten.

In der Einleitung sollten Sie zum einen Ihre Zuhörer, zum anderen anwesende Ehrengäste begrüßen und einen kurzen Überblick über den Programmablauf Ihrer Präsentation geben. Stellen Sie sich Ihrem Publikum vor. Generell sollten Sie sich mit Ihrem Namen vorstellen und situationsbedingt Ihre Position und Ihre Tätigkeit kurz erwähnen, denn ansonsten bleiben Sie für den Zuhörer anonym. Im letzten Teil der Einleitung sollten Sie zum Thema des Vortrags überleiten.

Erster Satz

Beginnen Sie Ihren Vortrag mit einem einleitenden Satz. Das kann ein Zitat sein, ein Trend, eine Meinung, eine Metapher, ein Schlagwort oder Ähnliches. Aber Vorsicht vor abgedroschenen Zitaten, unwahren Aussagen oder Bemerkungen über emotionsgeladene Themen! Suchen Sie nach einem passenden Satz, der den Kern Ihrer Aussagen trifft.

Hauptteil

In der Gliederung der Präsentation liegt ihre spätere Wirkung auf das Publikum. Ein für alle Präsentationen passendes Gliederungsschema gibt es nicht, es gibt jedoch generelle Strukturen, eine Präsentation übersichtlich zu gestalten: Die **Kettenstruktur** kann man verwenden, wenn sich das Thema in zeitliche Abfolge untergliedern lässt. Die

Wenn Sie anschaulich präsentieren, wie Sie Ihre Produkte herstellen, schaffen Sie eine persönliche Bindung zu den Kunden.

Spektrumstruktur eignet sich für eine Übersicht über vielfältige Themenbereiche. Die **Matrixstruktur** ist eine Kombination aus der Ketten- und der Spektrumstruktur.

Sie können die Themen natürlich auch in einer von Ihnen gewählten Themenanordnung präsentieren: Kreisstrukturen, Matrizenstrukturen etc. Wichtig ist, dass Sie Ihrer Präsentation ein System verleihen, damit Sie im Vorfeld die Zuhörer über Ihren Fahrplan informieren können.

Innerhalb dieser Strukturen haben Sie dann wieder die Möglichkeit, die Themen detaillierter aufzubereiten. Auch hier ist es themenabhängig, welche Darstellungsweise Sie am geschicktesten wählen.

Themenüberleitung

Verbinden Sie unterschiedliche Themen durch weiche Überleitungen. Sie sollten dazu auf keinen Fall lang ausschweifen, sondern mit ein

Tab. 6. Möglichkeiten zur Untergliederung einer Präsentation

Ist-Zustand	Vision	Weg
These	Antithese	Synthese
Wirkung	Ursache	Folgerung
Pro	Contra	Entscheidung
Start	Ziel	Ablauf
Gestern	Heute	Morgen
Lösung A	Lösung B	Kompromiss

oder zwei Sätzen einen weichen Übergang erzeugen. Übergänge sind wichtig, um Stimmungen und Eindrücke nicht zu verletzen.

Denn abrupte Themenwechsel sollten innerhalb einer Präsentation vermieden werden, denn Ihre Präsentation ist nur spannend und interessant, wenn die Zusammenhänge deutlich erkennbar sind.

Schluss

Mit dem Schluss erzeugen Sie die Wirkung Ihrer Präsentation. Genau wie der Einleitung kommt dem Schluss eine eher emotionale Bedeutung zu. Diese Wirkung kann der Kauf eines Produktes sein, die Weiterempfehlung Ihrer Person, die Überzeugung Ihrer Aussage. Bringen Sie einen Appell an die Zuhörer. Aktivieren Sie die Zuhörer. Ein schlichtes „Danke für Ihre Aufmerksamkeit" bringt die Zuhörer meist nicht zum Handeln.

Wenn Sie während der Präsentation ins Detail gehen, so sollte eine Essenz der wichtigsten Aussagen den Schluss bilden. Diese Essenz fasst die Präsentation in den wesentlichen Punkten zusammen. Sprechen Sie auch nochmals jene Themen an, die für die Zuhörer wichtig waren, zu denen Fragen gestellt, oder mehr Details gewünscht wurden.

Fragen beantworten

Planen Sie gegen Ende Ihrer Präsentation eine Fragezeit für die Zuhörer ein. Denn bereits vor der Präsentation oder spätestens bei Ihren Ausführungen tauchen Fragen auf. Dieser unausgesprochenen Bitte der Zuhörer sollten Sie nachkommen. Versuchen Sie aber nicht, Fragen zu klären, deren Antwort Sie nicht genau wissen. Klären Sie solche Fragen immer nach der Präsentation unter Zweiergespräch.

20.4 Hilfsmittel für die Präsentation

Wenn Sie während der Präsentation technische Geräte verwenden möchten, sollten Sie berücksichtigen, dass sie nicht immer gleich funktionieren. Je komplizierter die Geräte sind, desto schwieriger wird es, wenn ein Problem auftritt. Deshalb sollten Sie vor der Präsentation alle Geräte auf ihre Funktionsfähigkeit prüfen und zur Not auf ein anderes Medium ausweichen können.

Flipchart

Wenn Sie Schaubilder anfertigen, die Sie im Laufe der Präsentation ergänzen möchten, eignet sich das Flipchart. Die Darstellungen sind die ganze Präsentation über sichtbar. Flipcharts bieten aber nur eine relativ kleine Präsentationsfläche und sind nicht überall einsetzbar. Bei größeren Visualisierungen sollte man deshalb auf ein anderes Medium ausweichen. Zudem ist beim Schreiben der Rücken zum Publikum gekehrt, was bei längeren Texten die Aufmerksamkeit beeinträchtigt. Flipcharts eignen sich vor allem, wenn ein Thema innerhalb einer Gruppe bearbeitet wird, um wichtige Arbeitsschritte und Ergebnisse zu visualisieren (z. B. Brainstorming). Auf dem Flipchart können auch Basisblätter vorbereitet werden.

Overhead-Projektor
Der Overhead-Projektor ist geeignet, wenn sich Ihre Darstellungen entwickeln. Der Overhead bietet die Möglichkeit, Einzelschritte visuell darzustellen. Sie haben hier den großen Vorteil, dass Sie mit Ihrem Gesicht zum Publikum gewandt sind. Sie können auch für ein größeres Publikum Ihre Daten visualisieren. Achten Sie aber bei der Folienerstellung auf Übersichtlichkeit und kurze, prägnante Formulierungen. Der Overhead-Projektor eignet sich für die Visualisierung eines Brainstormings, der Präsentation von vorbereiteten Basisblättern, Darstellungen und Ablaufschemata.

Pinnwand
Die Pinnwand ist ein Hilfsmittel, auf dem Sie sehr gut Daten sammeln und visualisieren können. Durch ihre große Fläche ist sie gerade für das Brainstorming oder Entwicklungsdiagramme geeignet. Sie können sowohl große Bilder als auch Arbeitsergebnisse daran befestigen. An einer Pinnwand können Sie nicht nur mit selbst beschriebenen Kärtchen hantieren, sondern auch noch Fotos oder Gegenstände anbringen. Die Pinnwand eignet sich, während der Präsentation Daten zu sammeln oder Entwicklungsdiagramme darzustellen. Besonders für die Gruppenarbeit ist die Pinnwand zu empfehlen.

Beamer-Anlage
Beamer gehören zu den modernsten visuellen Darstellungsgeräten und sind universell einsetzbar. Sie eignen sich vor allem zur Darstellung von Prozessabläufen, Entwicklungsdiagrammen oder Kurzfilmen und ersetzen Overhead, Diaprojektor und Videoanlage. Allerdings ist ein Beamer nicht ganz günstig in der Anschaffung.

20.5 Überzeugend präsentieren will gelernt sein

Wer ohne Inhalt nur gut präsentieren kann, blendet und wird schnell entlarvt. Wer ein großes Fachwissen besitzt, aber wenig eindrucksvoll vermittelt, langweilt. Nur wenn Sie beides, Fachwissen und Überzeugung auf das Publikum übertragen können, erzeugen Sie Aufmerksamkeit.

Der „rote Faden“
Strukturieren Sie den Vortrag so, dass die Zuhörer eine Weiterentwicklung Ihrer Gedanken erkennen und Ihrem Vortrag gut folgen können. Dazu sollten Sie klar und strukturiert argumentieren. Je

strukturierter Sie vorgehen, desto weniger laufen Sie Gefahr, den „roten Faden“ zu verlieren. Natürlich können Sie kleine Exkurse einlegen, um Begriffe oder Vorgänge zu erklären, kehren Sie danach aber unverzüglich zum Thema zurück, ohne in andere Themenbereiche abzuschweifen. Legen Sie sich doch zu Ihren Unterlagen einen roten Faden! Das hilft.

Vermeiden Sie komplizierte Darstellungen
Vereinfachen Sie komplizierte Zusammenhänge, wenn sie nicht zum eigentlichen Thema gehören. Ansonsten verwirren Sie die Zuhörer und werfen überflüssige Fragen auf. Präsentieren Sie komplizierte Prozesse nur detailliert, wenn Sie sich sicher sind, dass das Publikum aus einer homogenen Gruppe von fachkundigen Zuhörern besteht. Sollten dennoch Fragen zu Details aufkommen, sollten Sie die Zuhörer fragen, ob allgemeines Interesse an einer Erklärung besteht, andernfalls verweisen Sie auf ein persönliches Gespräch nach der Präsentation.

Bilder anstatt Text
Wie bei der Anzeigenwerbung gilt auch bei der Visualisierung der Präsentation, dass Bilder dem geschriebenen Wort vorzuziehen sind (siehe Kap. 7.6).

Stehen Sie ruhig
Versuchen Sie, möglichst auf einer Stelle stehen zu bleiben und laufen Sie nicht aufgeregt hin und her. Diese Bewegungen wirken auf die Zuhörer nervös und unruhig. Suchen Sie sich einen Punkt aus, möglichst zentral, und sprechen Sie von dort aus zum Publikum. Beide Füße sollten fest auf dem Boden stehen. Verkrampfen Sie sich nicht, indem Sie die Knie nach hinten drücken und vermeiden Sie zu wippen.

Was machen Sie mit den Händen, wenn Sie sie ruhig halten? Joachim Bublath und viele andere Moderatoren verhalten sich hier sehr geschickt. Daumen und Zeigefinger der einen Hand halten den Daumen der linken Hand. Das wirkt auch auf die Zuhörer neutral.

Aufmerksamkeit erhalten
Kleine Anekdoten oder die ein oder andere humorvolle Bemerkung lockern die Präsentation auf. Sie haben meist geringen Informationswert, sorgen aber manchmal für die notwendige Aufmerksamkeit. Sie sind leicht verdaulich und können an passenden Stellen erwähnt werden. Sie dienen als Erholungspausen für die rein sachlichen Phasen Ihrer Ausführungen.

Augenkontakt
Schauen Sie Ihrem Publikum in die Augen und lassen Sie Ihren Blick ständig über die Menge schweifen. In den Augen Ihrer Zuhörer kön-

nen Sie Zustimmung, Verständnis, Lob, Kritik oder anderes erkennen. Sie können dann im richtigen Moment zu Fragen auffordern, Dinge sofort klären, vielleicht sogar eine Anmerkung aus dem Publikum aufgreifen. Das stimmt Ihre Zuhörer positiv.

Körperhaltung
Ihre innere Einstellung beeinflusst in starkem Maße Ihre Körperhaltung. Versetzen Sie sich in die Lage eines selbstbewussten Redners. Allein die Vorstellung, dass Sie diese Präsentation selbstbewusst vortragen verleiht Ihnen eine aufrechte Körperhaltung.

Begeisterung
Die Ursache für Mimik, Gestik und Körperhaltung ist die innere Einstellung. Menschen ohne Begeisterung wollen ihre Präsentation möglichst rasch beenden und reden dementsprechend schnell. Redner mit Begeisterung hingegen blicken den Zuhörern in die Augen, jedem Zuhörer. Machen Sie auch ab und zu nach wichtigen Sätzen Pausen, um Ihre Aussagen wirken zu lassen.

Gestik
Bewegen Sie die Hände oberhalb des Bauchraumes, dann wirken Sie aufgeschlossen, frisch und aktiv. Wir sind zwar gewohnt, die Hände auf Bauch- oder Taillenhöhe zu bewegen, aber das hat für den Zuschauer einen tendenziell negativen Ausdruck. Stellen Sie sich zum Beispiel das Abwinken vor. Diese Gestik findet meist auf Bauch- oder Taillenhöhe statt, und die Handflächen gehen dabei vom Körper weg.

Mimik
Unterstützen Sie Ihre Aussagen durch Mimik. Sie können ernst sein, aufgeschlossen blicken, fragend betrachten, Entschiedenheit zeigen. Auch wenn Mimik nur den Gesichtsausdruck betrifft, wird sie auch in weiteren Distanzen wahrgenommen. Selbst wenn sich ein Gesicht nur um einen Millimeter von der ursprünglichen Mimik unterscheidet, wird dies im Unterbewusstsein in Millisekunden erkannt.

Zuhörerorientiert präsentieren
Tragen Sie informativ, interessant und selbstbewusst vor, so haben Sie auch die volle Aufmerksamkeit. Auch hier gilt die KISS-Formel: Keep it simple and stupid. Bringen Sie Überzeugung und Selbstbewusstsein zum Ausdruck. Unsichere und monotone Vortragsweisen langweilen die Zuhörer und erzeugen keine Aufmerksamkeit.

Bei einer Präsentation werden 78 % der Informationen über das Auge aufgenommen, 13 % über das Ohr. Jeweils 3 % der Präsentation werden über Geruchs-, Geschmacks- und den Tastsinn wahrgenommen.

Sprechen

Sprechen Sie klar und deutlich. Verwenden Sie keine komplizierten Satzstellungen, denn sie sind anstrengend und ermüdend für das Publikum. Sprechen Sie einfache Sätze, damit sorgen Sie für ein gutes Verständnis und einen klaren Zusammenhang. Lange Sätze tragen manchmal unnötige, verwirrende Informationen in sich. Variieren Sie auch Ihre Stimme und Ihr Sprechtempo, denn eine monotone Stimme wirkt einschläfernd und nimmt die Aufmerksamkeit der Zuhörer. Verwenden Sie beim Sprechen die Sie-Form. Es ist die persönlichste und die wirksamste Anredeform. „Man" sowie „würde" und „könnte" klingen zu theoretisch.

Die Form der Sprache ist nicht nur inhaltlich wichtig, sondern auch ein Indikator, wie sicher Sie in Ihrem Thema sind. Wenn Sie sich dauernd verbessern, zeugt das von Unsicherheit und das Vertrauen der Zuschauer in Ihre Präsentation wird sinken. Sprechen Sie daher flüssig, prägnant und sachlich.

Betonung

Die Betonung ist ein wichtiges Ausdrucksmittel für die Präsentation. Justieren Sie daher Ihre Stimme am besten auf Kassettenrecorder und bekommen Sie ein Gefühl für die Höhen und Tiefen im Tonfall. Das kann sich für jemanden, der nicht oft betont spricht, extrem anhören, aber dann erst empfinden es die Zuhörer als Betonung.

Weitere Tipps für die Präsentation

- Präsentation bedeutet übersetzt „ein Geschenk machen". Handeln Sie auch so.
- Jede Präsentation ist ein überzeugender Verkauf Ihrer Argumentation.
- Jede Präsentation ist eine Chance, sich zu verändern.
- Humor ist das Elixier der Aufmerksamkeit. Verbreiten Sie es, wenn es sich anbietet!
- Die Güte der Präsentation misst man an der Aufmerksamkeit der Zuhörer.
- Beides – Themeninhalt und Präsentationstechnik – muss gehaltvoll sein.
- Kommunizieren Sie mit allen Sinnen und Ausdrucksmöglichkeiten Ihres Körpers.
- Verlieren Sie nie die Aufmerksamkeit Ihrer Zuhörer!
- Der Anfang prägt, der Hauptteil informiert, das Ende haftet!
- Wer ohne Inhalt präsentiert, blendet, wer nur Fachwissen ausdruckslos aufzählt, langweilt.

21 Rechtliches

21.1 Verordnung über die Kennzeichnung von Lebensmitteln (LMKV)

-Auszüge-

„Lebensmittel-Kennzeichnungsverordnung in der Fassung der Bekanntmachung vom 15. Dezember 1999 (BGBl. IS. 2464), die zuletzt durch Artikel 2 der Verordnung vom 25. Februar 2014 (BGBl. I S. 218) geändert worden ist“

§ 3 Kennzeichnungselemente

(1) Lebensmittel in Fertigpackungen dürfen gewerbsmäßig nur in den Verkehr gebracht werden, wenn angegeben sind:
1.die Verkehrsbezeichnung nach Maßgabe des § 4 Abs. 1 bis 4,
1a. Angaben nach Maßgabe des § 4 Abs. 5,
2. der Name oder die Firma und die Anschrift des Herstellers, des Verpackers oder eines in einem Mitgliedstaat der Europäischen Union oder in einem anderen Vertragsstaat des Abkommens über den Europäischen Wirtschaftsraum niedergelassenen Verkäufers,
3. das Verzeichnis der Zutaten nach Maßgabe der §§ 5 und 6,
4. das Mindesthaltbarkeitsdatum nach Maßgabe des § 7 oder bei in mikrobiologischer Hinsicht sehr leicht verderblichen Lebensmitteln das Verbrauchsdatum nach Maßgabe des § 7a Abs. 1 bis 3,
5. der vorhandene Alkoholgehalt bei Getränken mit einem Alkoholgehalt von mehr als 1,2 Volumenprozent nach Maßgabe des § 7b,
6. die Menge bestimmter Zutaten oder Gattungen von Zutaten nach Maßgabe des § 8,

§ 4 Verkehrsbezeichnung

(1) Die Verkehrsbezeichnung eines Lebensmittels ist die in Rechtsvorschriften festgelegte Bezeichnung, bei deren Fehlen
1. die nach allgemeiner Verkehrsauffassung übliche Bezeichnung oder
2. eine Beschreibung des Lebensmittels und erforderlichenfalls seiner Verwendung, die es dem Verbraucher ermöglicht, die Art des Lebensmittels zu erkennen und es von verwechselbaren Erzeugnissen zu unterscheiden.
4) Hersteller- oder Handelsmarken oder Fantasienamen können die Verkehrsbezeichnung nicht ersetzen.
(5) Die Verkehrsbezeichnung wird durch die Angabe „aufgetaut“ ergänzt, wenn das Lebensmittel gefroren oder

tiefgefroren war und die Unterlassung einer solchen Angabe geeignet wäre, beim Verbraucher einen Irrtum herbeizuführen.

§ 5 Begriffsbestimmung der Zutaten

(1) Zutat ist jeder Stoff, einschließlich der Zusatzstoffe sowie der Enzyme im Sinne des Artikels 6 Absatz 4 Buchstabe a der Richtlinie 2000/13/EG des Europäischen Parlaments und des Rates vom 20. März 2000 zur Angleichung der Rechtsvorschriften der Mitgliedstaaten über die Etikettierung und Aufmachung von Lebensmitteln sowie die Werbung hierfür (ABl. L 109 vom 6.5.2000, S. 29) in der jeweils geltenden Fassung, der bei der Herstellung oder Zubereitung eines Lebensmittels verwendet wird und – wenn auch möglicherweise in veränderter Form – im Enderzeugnis vorhanden bleibt. Besteht eine Zutat eines Lebensmittels aus mehreren Zutaten (zusammengesetzte Zutat), so gelten diese als Zutaten des Lebensmittels.

(2) Als Zutaten gelten nicht:

1. Bestandteile einer Zutat, die während der Herstellung vorübergehend entfernt und dem Lebensmittel wieder hinzugefügt werden, ohne dass sie mengenmäßig ihren ursprünglichen Anteil überschreiten,
2. Stoffe der Anlage 2 der Zusatzstoff-Verkehrsverordnung, Aromen, Enzyme nach Maßgabe des Artikels 6 Absatz 4 Buchstabe c Doppelbuchstabe ii der Richtlinie 2000/13/EG in der jeweils geltenden Fassung und Mikroorganismenkulturen, die in einer oder mehreren Zutaten eines Lebensmittels enthalten waren, sofern sie im Enderzeugnis keine technologische Wirkung ausüben,

§ 6 Verzeichnis der Zutaten

(1) Das Verzeichnis der Zutaten besteht aus einer Aufzählung der Zutaten des Lebensmittels in absteigender Reihenfolge ihres Gewichtsanteils zum Zeitpunkt ihrer Verwendung bei der Herstellung des Lebensmittels. Der Aufzählung ist ein geeigneter Hinweis voranzustellen, in dem das Wort „Zutaten“ erscheint.

§ 7 Mindesthaltbarkeitsdatum

(1) Das Mindesthaltbarkeitsdatum eines Lebensmittels ist das Datum, bis zu dem dieses Lebensmittel unter angemessenen Aufbewahrungsbedingungen seine spezifischen Eigenschaften behält.

(2) Das Mindesthaltbarkeitsdatum ist unverschlüsselt mit den Worten „mindestens haltbar bis ...“ unter Angabe von Tag, Monat und Jahr in dieser Reihenfolge anzugeben. Die Angabe von Tag, Monat und Jahr kann auch an anderer Stelle erfolgen, wenn in Verbindung mit der Angabe nach Satz 1 auf diese Stelle hingewiesen wird.

(3) Abweichend von Absatz 2 kann bei Lebensmitteln,

1. deren Mindesthaltbarkeit nicht mehr als drei Monate beträgt, die Angabe des Jahres entfallen,
2.a) deren Mindesthaltbarkeit mehr als drei Monate beträgt, der Tag,
b) deren Mindesthaltbarkeit mehr als achtzehn Monate beträgt, der Tag und der Monat
entfallen, wenn das Mindesthaltbarkeitsdatum unverschlüsselt mit den Worten „mindestens haltbar bis Ende ...“ angegeben wird.
(4) (weggefallen)
(5) Ist die angegebene Mindesthaltbarkeit nur bei Einhaltung bestimmter Temperaturen oder sonstiger Bedingungen gewährleistet, so ist ein entsprechender Hinweis in Verbindung mit der Angabe nach den Absätzen 2 und 3 anzubringen.
(6) Die Angabe des Mindesthaltbarkeitsdatums ist nicht erforderlich bei
1. frischem Obst, frischem Gemüse und Kartoffeln, nicht geschält, geschnitten oder ähnlich behandelt, ausgenommen Keime von Samen und ähnlichen Erzeugnissen, wie Sprossen von Hülsenfrüchten,
2. Getränken mit einem Alkoholgehalt von zehn oder mehr Volumenprozent,
3. alkoholfreien Erfrischungsgetränken, Fruchtsäften, Fruchtnektaren und alkoholhaltigen Getränken in
Behältnissen von mehr als fünf Litern, die zur Abgabe an Verbraucher im Sinne des § 1 Abs. 1 Satz 2
bestimmt sind,

§ 8 Mengenkennzeichnung von Zutaten
(1) Die Menge einer bei der Herstellung eines zusammengesetzten Lebensmittels verwendeten Zutat oder einer verwendeten Klasse oder vergleichbaren Gruppe von Zutaten (Gattung von Zutaten) ist gemäß Absatz 4 anzugeben,
1. wenn die Bezeichnung der Zutat oder der Gattung von Zutaten in der Verkehrsbezeichnung des Lebensmittels angegeben ist,
2. wenn die Verkehrsbezeichnung darauf hindeutet, dass das Lebensmittel die Zutat oder die Gattung von Zutaten enthält,
3. wenn die Zutat oder die Gattung von Zutaten auf dem Etikett durch Worte, Bilder oder eine graphische Darstellung hervorgehoben ist oder
4. wenn die Zutat oder die Gattung von Zutaten von wesentlicher Bedeutung für die Charakterisierung des Lebensmittels und seine Unterscheidung von anderen Lebensmitteln ist, mit denen es aufgrund seiner Bezeichnung oder seines Aussehens verwechselt werden könnte.
Lebensmittel in Fertigpackungen dürfen ohne die nach Satz 1 vorgeschriebenen Angaben gewerbsmäßig nicht in den Verkehr gebracht werden.

21.2 Lebensmittel-, Bedarfsgegenstände- und Futtermittelgesetzbuch (LFGB)

-Auszüge-

„Lebensmittel- und Futtermittelgesetzbuch in der Fassung der Bekanntmachung vom 3. Juni 2013 (BGBl. I S.1426), das zuletzt durch Artikel 1 der Verordnung vom 26. Januar 2016 (BGBl. I S. 108) geändert worden ist“

§ 2 Begriffsbestimmungen

(1) Erzeugnisse sind Lebensmittel, einschließlich Lebensmittelzusatzstoffe, Futtermittel, kosmetische Mittel und Bedarfsgegenstände.
(2) Lebensmittel sind Lebensmittel im Sinne des Artikels 2 der Verordnung (EG) Nr. 178/2002.
(3) Lebensmittelzusatzstoffe sind Lebensmittelzusatzstoffe im Sinne des Artikels 3 Absatz 2 Buchstabe a in Verbindung mit Artikel 2 Absatz 2 der Verordnung (EG) Nr. 1333/2008 des Europäischen Parlaments und des Rates vom 16. Dezember 2008 über Lebensmittelzusatzstoffe (ABl. L 354 vom 31.12.2008, S. 16, L 105 vom 27.4.2010, S. 114, L 322 vom 21.11.2012, S. 8, L 123 vom 19.5.2015, S. 122), die zuletzt durch die Verordnung (EU) 2015/1832 (ABl. L 266 vom 13.10.2015, S. 27) geändert worden ist. Den Lebensmittelzusatzstoffen stehen gleich

1. Stoffe mit oder ohne Nährwert, die üblicherweise weder selbst als Lebensmittel verzehrt noch als charakteristische Zutat eines Lebensmittels verwendet werden und die einem Lebensmittel aus anderen als technologischen Gründen beim Herstellen oder Behandeln zugesetzt werden, wodurch sie selbst oder ihre Abbau- oder Reaktionsprodukte mittelbar oder unmittelbar zu einem Bestandteil des Lebensmittels werden oder werden können; ausgenommen sind Stoffe, die natürlicher Herkunft oder den natürlichen chemisch gleich sind und nach allgemeiner Verkehrsauffassung überwiegend wegen ihres Nähr-, Geruchs oder Geschmackswertes oder als Genussmittel verwendet werden,
2. Mineralstoffe und Spurenelemente sowie deren Verbindungen außer Kochsalz,
3. Aminosäuren und deren Derivate,
4. Vitamine A und D sowie deren Derivate.

§ 3 Weitere Begriffsbestimmungen

Im Sinne dieses Gesetzes sind:
1. Inverkehrbringen: Inverkehrbringen im Sinne des Artikels 3 Nummer 8 der Verordnung (EG) Nr. 178/2002; für kosmetische Mittel, Bedarfsgegenstände und mit Lebensmitteln verwechselbare Produkte

gilt Artikel 3 Nummer 8 der Verordnung (EG) Nr. 178/2002 entsprechend,
2. Herstellen: das Gewinnen, einschließlich des Schlachtens oder Erlegens lebender Tiere, deren Fleisch als Lebensmittel zu dienen bestimmt ist, das Herstellen, das Zubereiten, das Be- und Verarbeiten und das Mischen,
3. Behandeln: das Wiegen, Messen, Um- und Abfüllen, Stempeln, Bedrucken, Verpacken, Kühlen, Gefrieren,Tiefgefrieren, Auftauen, Lagern, Aufbewahren, Befördern sowie jede sonstige Tätigkeit, die nicht als Herstellen oder Inverkehrbringen anzusehen ist,
4. Verbraucherin oder Verbraucher: Endverbraucher im Sinne des Artikels 3 Nummer 18 der Verordnung (EG) Nr. 178/2002, im Übrigen diejenige, an die oder derjenige, an den ein kosmetisches Mittel oder ein Bedarfsgegenstand zur persönlichen Verwendung oder zur Verwendung im eigenen Haushalt abgegeben wird, wobei Gewerbetreibende, soweit sie ein kosmetisches Mittel oder einen Bedarfsgegenstand zum Verbrauch innerhalb ihrer Betriebsstätte beziehen, der Verbraucherin oder dem Verbraucher gleichstehen,
5. Verzehren: das Aufnehmen von Lebensmitteln durch den Menschen durch Essen, Kauen, Trinken sowie durch jede sonstige Zufuhr von Stoffen in den Magen,
6. Lebensmittelunternehmen: Lebensmittelunternehmen im Sinne des Artikels 3 Nummer 2 der Verordnung (EG) Nr. 178/2002,
7. Lebensmittelunternehmerin oder Lebensmittelunternehmer: Lebensmittelunternehmer im Sinne des Artikels 3 Nummer 3 der Verordnung (EG) Nr. 178/2002,
8. Information über Lebensmittel: Information über Lebensmittel im Sinne des Artikels 2 Absatz 2 Buchstabe a der Verordnung (EU) Nr. 1169/2011 des Europäischen Parlaments und des Rates vom 25. Oktober 2011 betreffend die Information der Verbraucher über Lebensmittel und zur Änderung der Verordnungen (EG) Nr. 1924/2006 und (EG) Nr. 1925/2006 des Europäischen Parlaments und des Rates und zur Aufhebung der Richtlinie 87/250/EWG der Kommission, der Richtlinie 90/496/EWG des Rates, der Richtlinie 1999/10/EG der Kommission, der Richtlinie 2000/13/EG des Europäischen Parlaments und des Rates, der Richtlinien 2002/67/EG und 2008/5/EG der Kommission und der Verordnung (EG) Nr. 608/2004 der Kommission (ABl. L 304 vom 22.11.2011, S. 18, L 331 vom 18.11.2014, S. 41, L 50 vom 21.2.2015, S. 48), die zuletzt durch die Verordnung (EU) 2015/2283 (ABl. L 327 vom 11.12.2015, S. 1) geändert worden ist,
9. Auslösewert: Grenzwert für den Gehalt an einem gesundheitlich nicht erwünschten Stoff, der in oder auf einem Lebensmittel enthalten ist, bei dessen Überschreitung Untersuchungen vorgenommen werden müssen, um die Ursachen für das Vorhandensein des jeweili-

gen Stoffs mit dem Ziel zu ermitteln, Maßnahmen zu seiner Verringerung oder Beseitigung einzuleiten,
10. mit Lebensmitteln verwechselbare Produkte: Produkte, die zwar keine Lebensmittel sind, bei denen jedoch aufgrund ihrer Form, ihres Geruchs, ihrer Farbe, ihres Aussehens, ihrer Aufmachung, ihrer Kennzeichnung, ihres Volumens oder ihrer Größe vorhersehbar ist, dass sie von den Verbraucherinnen und Verbrauchern, insbesondere von Kindern, mit Lebensmitteln verwechselt werden und deshalb zum Mund geführt, gelutscht oder geschluckt werden, wodurch insbesondere die Gefahr des Erstickens, der Vergiftung, der Perforation oder des Verschlusses des Verdauungskanals entstehen kann; ausgenommen sind Arzneimittel, die einem Zulassungs- oder Registrierungsverfahren unterliegen,

§ 5 Verbote zum Schutz der Gesundheit
(1) Es ist verboten, Lebensmittel für andere derart herzustellen oder zu behandeln, dass ihr Verzehr gesundheitsschädlich im Sinne des Artikels 14 Absatz 2 Buchstabe a der Verordnung (EG) Nr. 178/2002 ist. Unberührt bleiben
1. das Verbot des Artikels 14 Absatz 1 in Verbindung mit Absatz 2 Buchstabe a der Verordnung (EG) Nr. 178/2002 über das Inverkehrbringen gesundheitsschädlicher Lebensmittel und
2. Regelungen in Rechtsverordnungen aufgrund des § 13 Absatz 1 Nummer 3 und 4, soweit sie für den privaten häuslichen Bereich gelten.
(2) Es ist ferner verboten,
1. Stoffe, die keine Lebensmittel sind und deren Verzehr gesundheitsschädlich im Sinne des Artikels 14 Absatz 2 Buchstabe a der Verordnung (EG) Nr. 178/2002 ist, als Lebensmittel in den Verkehr zu bringen,
mit Lebensmitteln verwechselbare Produkte für andere herzustellen, zu behandeln oder in den Verkehr zu bringen.

§ 6 Verbote für Lebensmittelzusatzstoffe
(1) Es ist verboten,
1. bei dem Herstellen oder Behandeln von Lebensmitteln, die dazu bestimmt sind, in den Verkehr gebracht zu werden,
a) nicht zugelassene Lebensmittelzusatzstoffe unvermischt oder in Mischungen mit anderen Stoffen zu verwenden,
b) Ionenaustauscher zu benutzen, soweit dadurch nicht zugelassene Lebensmittelzusatzstoffe in die Lebensmittel gelangen,
c) Verfahren zu dem Zweck anzuwenden, nicht zugelassene Lebensmittelzusatzstoffe in den Lebensmitteln zu erzeugen,
2. Lebensmittel in den Verkehr zu bringen, die entgegen dem Verbot der Nummer 1 hergestellt oder behandelt sind oder einer nach

§ 7 Absatz 1 oder 2 Nummer 1 oder 5 erlassenen Rechtsverordnung nicht entsprechen

§ 9 Pflanzenschutz- oder sonstige Mittel

(1) Es ist verboten, Lebensmittel in den Verkehr zu bringen,

1. wenn in oder auf ihnen Pflanzenschutzmittel im Sinne des Pflanzenschutzgesetzes, Düngemittel im Sinne des Düngemittelgesetzes, andere Pflanzen- oder Bodenbehandlungsmittel, Biozid-Produkte im Sinne des Chemikaliengesetzes, soweit sie dem Vorratsschutz, der Schädlingsbekämpfung oder dem Schutz von Lebensmitteln dienen (Pflanzenschutz- oder sonstige Mittel) oder deren Umwandlungs- oder Reaktionsprodukte vorhanden sind, die nach Absatz 2 Nummer 1 Buchstabe a festgesetzte Höchstmengen überschreiten,
2. wenn in oder auf ihnen Pflanzenschutzmittel im Sinne des Pflanzenschutzgesetzes vorhanden sind, die nicht zugelassen sind oder die bei den Lebensmitteln oder deren Ausgangsstoffen nicht angewendet werden dürfen,
3. die den Anforderungen nach Artikel 18 Absatz 1, auch in Verbindung mit Artikel 20 Absatz 1, der Verordnung (EG) Nr. 396/2005 des Europäischen Parlaments und des Rates vom 23. Februar 2005 über Höchstgehalte an Pestizidrückständen in oder auf Lebens- und Futtermitteln pflanzlichen und tierischen Ursprungs und zur Änderung der Richtlinie 91/414/EWG des Rates (ABl. L 70 vom 16.3.2005, S. 1), die zuletzt durch die Verordnung (EU) 2016/1 (ABl. L 2 vom 5.1.2016, S. 1) geändert worden ist, nicht entsprechen.

21.3 Preisangabenverordnung (PAngV)

-Auszüge-

„Preisangabenverordnung in der Fassung der Bekanntmachung vom 18. Oktober 2002 (BGBl. I S. 4197), die durch Artikel 11 des Gesetzes vom 11. März 2016 (BGBl. I S. 396) geändert worden ist“
Zuletzt geändert durch Art. 7 G v. 20.9.2013 I 3642
Hinweis: Änderung durch Art. 11 G v. 11.3.2016 I 396 (Nr. 12) textlich nachgewiesen, dokumentarisch noch nicht abschließend bearbeitet

§ 1 Grundvorschriften

(1) Wer Verbrauchern gemäß § 13 des Bürgerlichen Gesetzbuchs gewerbs- oder geschäftsmäßig oder wer ihnen regelmäßig in sonstiger Weise Waren oder Leistungen anbietet oder als Anbieter von Waren oder Leistungen gegenüber Verbrauchern unter Angabe von Preisen

wirbt, hat die Preise anzugeben, die einschließlich der Umsatzsteuer und sonstiger Preisbestandteile zu zahlen sind (Gesamtpreise). Soweit es der allgemeinen Verkehrsauffassung entspricht, sind auch die Verkaufs- oder Leistungseinheit und die Gütebezeichnung anzugeben, auf die sich die Preise beziehen. Auf die Bereitschaft, über den angegebenen Preis zu verhandeln, kann hingewiesen werden, soweit es der allgemeinen Verkehrsauffassung entspricht und Rechtsvorschriften nicht entgegenstehen.

(2) Wer Verbrauchern gewerbs- oder geschäftsmäßig oder wer ihnen regelmäßig in sonstiger Weise Waren oder Leistungen zum Abschluss eines Fernabsatzvertrages anbietet, hat zusätzlich zu Absatz 1 und § 2 Absatz 2 anzugeben,

1. dass die für Waren oder Leistungen geforderten Preise die Umsatzsteuer und sonstige Preisbestandteile enthalten und
2. ob zusätzlich Fracht-, Liefer- oder Versandkosten oder sonstige Kosten anfallen.

Fallen zusätzliche Fracht-, Liefer- oder Versandkosten oder sonstige Kosten an, so ist deren Höhe anzugeben, soweit diese Kosten vernünftigerweise im Voraus berechnet werden können.

(3) Bei Leistungen können, soweit es üblich ist, abweichend von Absatz 1 Satz 1 Stundensätze, Kilometersätze und andere Verrechnungssätze angegeben werden, die alle Leistungselemente einschließlich der anteiligen Umsatzsteuer enthalten. Die Materialkosten können in die Verrechnungssätze einbezogen werden.

(4) Wird außer dem Entgelt für eine Ware oder Leistung eine rückerstattbare Sicherheit gefordert, so ist deren Höhe neben dem Preis für die Ware oder Leistung anzugeben und kein Gesamtbetrag zu bilden.

(5) Die Angabe von Preisen mit einem Änderungsvorbehalt ist abweichend von Absatz 1 Satz 1 nur zulässig

1. bei Waren oder Leistungen, für die Liefer- oder Leistungsfristen von mehr als vier Monaten bestehen, soweit zugleich die voraussichtlichen Liefer- und Leistungsfristen angegeben werden,
2. bei Waren oder Leistungen, die im Rahmen von Dauerschuldverhältnissen erbracht werden, oder
3. in Prospekten eines Reiseveranstalters über die von ihm veranstalteten Reisen, soweit der Reiseveranstalter gemäß § 4 Absatz 2 der BGB-Informationspflichten-Verordnung in der Fassung der Bekanntmachung vom 5. August 2002 (BGBl. I S. 3002), die zuletzt durch die Verordnung vom 23. Oktober 2008 (BGBl. I S. 2069) geändert worden ist, den Vorbehalt einer Preisanpassung in den Prospekt aufnehmen darf und er sich eine entsprechende Anpassung im Prospekt vorbehalten hat.

(6) Die Angaben nach dieser Verordnung müssen der allgemeinen Verkehrsauffassung und den Grundsätzen von Preisklarheit und Preiswahrheit entsprechen. Wer zu Angaben nach dieser Verordnung ver-

pflichtet ist, hat diese dem Angebot oder der Werbung eindeutig zuzuordnen sowie leicht erkennbar und deutlich lesbar oder sonst gut wahrnehmbar zu machen. Bei der Aufgliederung von Preisen sind die Gesamtpreise hervorzuheben.

§ 2 Grundpreis

(1) Wer Verbrauchern gewerbs- oder geschäftsmäßig oder wer ihnen regelmäßig in sonstiger Weise Waren in Fertigpackungen, offenen Packungen oder als Verkaufseinheiten ohne Umhüllung nach Gewicht, Volumen, Länge oder Fläche anbietet, hat neben dem Gesamtpreis auch den Preis je Mengeneinheit einschließlich der Umsatzsteuer und sonstiger Preisbestandteile (Grundpreis) in unmittelbarer Nähe des Gesamtpreises gemäß Absatz 3 Satz 1, 2, 4 oder 5 anzugeben. Dies gilt auch für denjenigen, der als Anbieter dieser Waren gegenüber Verbrauchern unter Angabe von Preisen wirbt. Auf die Angabe des Grundpreises kann verzichtet werden, wenn dieser mit dem Gesamtpreis identisch ist.
(2) Wer Verbrauchern gewerbs- oder geschäftsmäßig oder wer ihnen regelmäßig in sonstiger Weise unverpackte Waren, die in deren Anwesenheit oder auf deren Veranlassung abgemessen werden (lose Ware), nach Gewicht, Volumen, Länge oder Fläche anbietet oder als Anbieter dieser Waren gegenüber Verbrauchern unter Angabe von Preisen wirbt, hat lediglich den Grundpreis gemäß Absatz 3 anzugeben.
(3) Die Mengeneinheit für den Grundpreis ist jeweils 1 Kilogramm, 1 Liter, 1 Kubikmeter, 1 Meter oder 1 Quadratmeter der Ware. Bei Waren, deren Nenngewicht oder Nennvolumen üblicherweise 250 Gramm oder Milliliter nicht übersteigt, dürfen als Mengeneinheit für den Grundpreis 100 Gramm oder Milliliter verwendet werden. Bei nach Gewicht oder nach Volumen angebotener loser Ware ist als Mengeneinheit für den Grundpreis entsprechend der allgemeinen Verkehrsauffassung entweder 1 Kilogramm oder 100 Gramm oder 1 Liter oder 100 Milliliter zu verwenden. Bei Waren, die üblicherweise in Mengen von 100 Liter und mehr, 50 Kilogramm und mehr oder 100 Meter und mehr abgegeben werden, ist für den Grundpreis die Mengeneinheit zu verwenden, die der allgemeinen Verkehrsauffassung entspricht. Bei Waren, bei denen das Abtropfgewicht anzugeben ist, ist der Grundpreis auf das angegebene Abtropfgewicht zu beziehen.

§ 4 Handel

(1) Waren, die in Schaufenstern, Schaukästen, innerhalb oder außerhalb des Verkaufsraumes auf Verkaufsständen oder in sonstiger Weise sichtbar ausgestellt werden, und Waren, die vom Verbraucher unmit-

telbar entnommen werden können, sind durch Preisschilder oder Beschriftung der Ware auszuzeichnen.
(2) Waren, die nicht unter den Voraussetzungen des Absatzes 1 im Verkaufsraum zum Verkauf bereitgehalten werden, sind entweder nach Absatz 1 auszuzeichnen oder dadurch, dass die Behältnisse oder Regale, in denen sich die Waren befinden, beschriftet werden oder dass Preisverzeichnisse angebracht oder zur Einsichtnahme aufgelegt werden.
(3) Waren, die nach Musterbüchern angeboten werden, sind dadurch auszuzeichnen, dass die Preise für die Verkaufseinheit auf den Mustern oder damit verbundenen Preisschildern oder Preisverzeichnissen angegeben werden.
(4) Waren, die nach Katalogen oder Warenlisten oder auf Bildschirmen angeboten werden, sind dadurch auszuzeichnen, dass die Preise unmittelbar bei den Abbildungen oder Beschreibungen der Waren oder in mit den Katalogen oder Warenlisten im Zusammenhang stehenden Preisverzeichnissen angegeben werden.
(5) Auf Angebote von Waren, deren Preise üblicherweise auf Grund von Tarifen oder Gebührenregelungen bemessen werden, ist § 5 Abs. 1 und 2 entsprechend anzuwenden.

§ 5 Leistungen
(1) Wer Leistungen anbietet, hat ein Preisverzeichnis mit den Preisen für seine wesentlichen Leistungen oder in den Fällen des § 1 Abs. 3 mit seinen Verrechnungssätzen aufzustellen. Dieses ist im Geschäftslokal oder am sonstigen Ort des Leistungsangebots und, sofern vorhanden, zusätzlich im Schaufenster oder Schaukasten anzubringen. Ort des Leistungsangebots ist auch die Bildschirmanzeige. Wird eine Leistung über Bildschirmanzeige erbracht und nach Einheiten berechnet, ist eine gesonderte Anzeige über den Preis der fortlaufenden Nutzung unentgeltlich anzubieten.
(2) Werden entsprechend der allgemeinen Verkehrsauffassung die Preise und Verrechnungssätze für sämtliche angebotenen Leistungen in Preisverzeichnisse aufgenommen, so sind diese zur Einsichtnahme am Ort des Leistungsangebots bereitzuhalten, wenn das Anbringen der Preisverzeichnisse wegen ihres Umfangs nicht zumutbar ist.
(3) Werden die Leistungen in Fachabteilungen von Handelsbetrieben angeboten, so genügt das Anbringen der Preisverzeichnisse in den Fachabteilungen.

§ 7 Gaststätten, Beherbergungsbetriebe
(1) In Gaststätten und ähnlichen Betrieben, in denen Speisen oder Getränke angeboten werden, sind die Preise in Preisverzeichnissen anzugeben. Die Preisverzeichnisse sind entweder auf Tischen aufzulegen oder jedem Gast vor Entgegennahme von Bestellungen und auf

Verlangen bei Abrechnung vorzulegen oder gut lesbar anzubringen. Werden Speisen und Getränke gemäß § 4 Abs. 1 angeboten, so muss die Preisangabe dieser Vorschrift entsprechen.
(2) Neben dem Eingang der Gaststätte ist ein Preisverzeichnis anzubringen, aus dem die Preise für die wesentlichen angebotenen Speisen und Getränke ersichtlich sind. Ist der Gaststättenbetrieb Teil eines Handelsbetriebes, so genügt das Anbringen des Preisverzeichnisses am Eingang des Gaststättenteils.
(3) In Beherbergungsbetrieben ist beim Eingang oder bei der Anmeldestelle des Betriebes an gut sichtbarer Stelle ein Verzeichnis anzubringen oder auszulegen, aus dem die Preise der im Wesentlichen angebotenen Zimmer und gegebenenfalls der Frühstückspreis ersichtlich sind.
(4) Kann in Gaststätten- und Beherbergungsbetrieben eine Telekommunikationsanlage benutzt werden, so ist der bei Benutzung geforderte Preis je Minute oder je Benutzung in der Nähe der Telekommunikationsanlage anzugeben.
(5) Die in den Preisverzeichnissen aufgeführten Preise müssen das Bedienungsgeld und sonstige Zuschläge einschließen.

§ 9 Ausnahmen
(1) Die Vorschriften dieser Verordnung sind nicht anzuwenden

1. auf Angebote oder Werbung gegenüber Verbrauchern, die die Ware oder Leistung in ihrer selbständigen beruflichen oder gewerblichen oder in ihrer behördlichen oder dienstlichen Tätigkeit verwenden; für Handelsbetriebe gilt dies nur, wenn sie sicherstellen, dass als Verbraucher ausschließlich die in Halbsatz 1 genannten Personen Zutritt haben, und wenn sie durch geeignete Maßnahmen dafür Sorge tragen, dass diese Personen nur die in ihrer jeweiligen Tätigkeit verwendbaren Waren kaufen;
2. auf Leistungen von Gebietskörperschaften des öffentlichen Rechts, soweit es sich nicht um Leistungen handelt, für die Benutzungsgebühren oder privat-rechtliche Entgelte zu entrichten sind;
3. auf Waren und Leistungen, soweit für sie auf Grund von Rechtsvorschriften eine Werbung untersagt ist;
4. auf mündliche Angebote, die ohne Angabe von Preisen abgegeben werden;
5. auf Warenangebote bei Versteigerungen.

(2) § 1 Abs. 1 und § 2 Abs. 1 sind nicht anzuwenden auf individuelle Preisnachlässe sowie auf nach Kalendertagen zeitlich begrenzte und durch Werbung bekannt gemachte generelle Preisnachlässe.
(3) § 1 Abs. 2 ist nicht anzuwenden auf die in § 312 Absatz 2 Nummer 2, 3, 6, 9 und 10 und Absatz 6 des Bürgerlichen Gesetzbuchs genannten Verträge.
(4) § 2 Abs. 1 ist nicht anzuwenden auf Waren, die

1. über ein Nenngewicht oder Nennvolumen von weniger als 10 Gramm oder Milliliter verfügen;
2. verschiedenartige Erzeugnisse enthalten, die nicht miteinander vermischt oder vermengt sind;
3. von kleinen Direktvermarktern sowie kleinen Einzelhandelsgeschäften angeboten werden, bei denen die Warenausgabe überwiegend im Wege der Bedienung erfolgt, es sei denn, dass das Warensortiment im Rahmen eines Vertriebssystems bezogen wird;
4. im Rahmen einer Dienstleistung angeboten werden;
5. in Getränke- und Verpflegungsautomaten angeboten werden.

(5) § 2 Abs. 1 ist ferner nicht anzuwenden bei
1. Kau- und Schnupftabak mit einem Nenngewicht bis 25 Gramm;
2. kosmetischen Mitteln, die ausschließlich der Färbung oder Verschönerung der Haut, des Haares oder der Nägel dienen;
3. Parfüms und parfümierten Duftwässern, die mindestens 3 Volumenprozent Duftöl und mindestens 70 Volumenprozent reinen Äthylalkohol enthalten.

(6) Die Angabe eines neuen Grundpreises nach § 2 Abs. 1 ist nicht erforderlich bei
1. Waren ungleichen Nenngewichts oder -volumens oder ungleicher Nennlänge oder -fläche mit gleichem Grundpreis, wenn der geforderte Gesamtpreis um einen einheitlichen Betrag herabgesetzt wird;
2. leicht verderblichen Lebensmitteln, wenn der geforderte Gesamtpreis wegen einer drohenden Gefahr des Verderbs herabgesetzt wird.

(7) § 4 ist nicht anzuwenden
1. auf Kunstgegenstände, Sammlungsstücke und Antiquitäten im Sinne des Kapitels 97 des Gemeinsamen Zolltarifs;
2. auf Waren, die in Werbevorführungen angeboten werden, sofern der Preis der jeweiligen Ware bei deren Vorführung und unmittelbar vor Abschluss des Kaufvertrags genannt wird;
3. auf Blumen und Pflanzen, die unmittelbar vom Freiland, Treibbeet oder Treibhaus verkauft werden.

21.4 Gesetz über das Inverkehrbringen und die Bereitstellung von Messgeräten auf dem Markt, ihre Verwendung und Eichung sowie über Fertigpackungen (MessEG)

-Auszüge-

„Mess- und Eichgesetz vom 25. Juli 2013 (BGBl. I S. 2722, 2723), das zuletzt durch Artikel 1 des Gesetzes vom 11. April 2016 (BGBl. I S. 718) geändert worden ist“

§ 37 Eichung und Eichfrist

(1) Messgeräte dürfen nicht ungeeicht verwendet werden,

1. nachdem die in der Rechtsverordnung nach § 41 Nummer 6 bestimmte Eichfrist abgelaufen ist oder
2. wenn die Eichfrist nach Absatz 2 vorzeitig endet.

Für Messgeräte, die nach den Vorschriften des Abschnitts 2 in Verkehr gebracht wurden, beginnt die Eichfrist mit dem Inverkehrbringen; sie entsprechen geeichten Messgeräten für die Dauer der mit dem Inverkehrbringen beginnenden jeweiligen Eichfrist und bedürfen für die Dauer dieser Eichfrist keiner Eichung.

(2) Die Eichfrist endet vorzeitig, wenn

1. das Messgerät die wesentlichen Anforderungen im Sinne des § 6 Absatz 2 nicht erfüllt, wobei anstelle der Fehlergrenzen nach § 6 Absatz 2 die in einer Rechtsverordnung nach § 41 Nummer 1 bestimmten Verkehrsfehlergrenzen einzuhalten sind,
2. ein Eingriff vorgenommen wird, der Einfluss auf die messtechnischen Eigenschaften des Messgeräts haben kann oder dessen Verwendungsbereich erweitert oder beschränkt,
3. die vorgeschriebene Bezeichnung des Messgeräts geändert oder eine unzulässige Bezeichnung, Aufschrift, Messgröße, Einteilung oder Hervorhebung einer Einteilung angebracht wird,
4. die in einer Rechtsverordnung nach § 30 Nummer 4 oder § 41 Nummer 6 vorgeschriebenen Kennzeichen unkenntlich, entwertet oder vom Messgerät entfernt sind; dies ist nicht anzuwenden, wenn
   a) die Unkenntlichmachung, Entwertung oder Entfernung unter Aufsicht einer nach § 40 zuständigen Stelle durchgeführt werden und
   b) die unkenntlich gemachten, entwerteten oder entfernten Kennzeichen durch geeignete Kennzeichen der beaufsichtigenden Stelle ersetzt werden,
5. das Messgerät mit einer Einrichtung verbunden wird, deren Anfügung nicht zulässig ist.

(3) Die Eichung erfolgt auf Antrag. Bei der Eichung können vorgelegte aktuelle Prüf- und Untersuchungsergebnisse berücksichtigt werden.

§ 38 Verspätete Eichungen
Hat der Verwender die Eichung mindestens zehn Wochen vor Ablauf der Eichfrist beantragt und das zur Eichung seinerseits Erforderliche getan oder angeboten, steht das Messgerät trotz des Ablaufs der Eichfrist bis zum Zeitpunkt der behördlichen Überprüfung einem geeichten Messgerät gleich. Hat der Verwender die Eichung zu einem späteren Zeitpunkt beantragt und ist der Behörde eine Eichung vor Ablauf der Eichfrist nicht möglich, so kann sie das weitere Verwenden des Messgeräts bis zum Zeitpunkt der behördlichen Überprüfung gestatten. Die Behörde soll die Eichung nach Ablauf der Eichfrist unverzüglich vornehmen.

§ 40 Zuständige Stellen für die Eichung
(1) Die Eichung wird von den nach Landesrecht zuständigen Behörden vorgenommen. Örtlich zuständig für die Eichung und sonstige Prüfung von Messgeräten an der Amtsstelle ist jede nach Satz 1 sachlich zuständige Behörde, bei der eine solche Amtshandlung beantragt wird.

§ 42 Begriffsbestimmungen für Fertigpackungen und andere Verkaufseinheiten
(1) Fertigpackungen im Sinne dieses Gesetzes sind Verpackungen beliebiger Art, in die in Abwesenheit des Käufers Erzeugnisse abgepackt und die in Abwesenheit des Käufers verschlossen werden, wobei die Menge des darin enthaltenen Erzeugnisses ohne Öffnen oder merkliche Änderung der Verpackung nicht verändert werden kann.
(2) Andere Verkaufseinheiten im Sinne dieses Gesetzes sind
1. offene Packungen, die in Abwesenheit des Käufers abgefüllt werden,
2. unverpackte Backwaren gleichen Nenngewichts und
3. Verkaufseinheiten gleichen Nenngewichts, gleicher Nennlänge oder gleicher Nennfläche ohne Umhüllung.

(3) Im Sinne dieses Gesetzes ist
1. Füllmenge die Menge, die eine einzelne Fertigpackung tatsächlich enthält,
2. Nennfüllmenge die Menge, die die Fertigpackung enthalten soll.

§ 43 Anforderungen an Fertigpackungen
(1) Fertigpackungen dürfen nur hergestellt, in den Geltungsbereich des Gesetzes verbracht, in den Verkehr gebracht oder sonst auf dem

Markt bereitgestellt werden, wenn die Nennfüllmenge angegeben ist, die Füllmenge die festgelegten Anforderungen erfüllt und die Fertigpackung mit den erforderlichen Angaben, Aufschriften und Zeichen versehen ist.
(2) Es ist verboten, Fertigpackungen herzustellen, herstellen zu lassen, in den Geltungsbereich dieses Gesetzes zu verbringen, in Verkehr zu bringen oder sonst auf dem Markt bereitzustellen, wenn sie ihrer Gestaltung und Befüllung nach eine größere Füllmenge vortäuschen als in ihnen enthalten ist.

§ 44 Verordnungsermächtigung für Fertigpackungen und andere Verkaufseinheiten

(1) Die Bundesregierung wird ermächtigt, durch Rechtsverordnung mit Zustimmung des Bundesrates Vorschriften zu erlassen zum Schutz der Verbraucherinnen und Verbraucher, zur Erleichterung des Handels mit Fertigpackungen, auch zur Umsetzung oder Durchführung von Rechtsakten der Europäischen Union,
insbesondere über

1. die Angabe von Nennfüllmengen bei Fertigpackungen und die Art und Weise dieser Angabe,
2. die Anforderungen an die Genauigkeit der Füllmenge,
3. die Kontrollen und Aufzeichnungen, die von den Betrieben zur Erfüllung der Genauigkeitsanforderungen nach Nummer 2 vorzunehmen sind, sowie die Messgeräte, die hierbei zu verwenden sind,
4. Voraussetzungen und Methoden für eine einheitliche Füllmengenbestimmung,
5. Anforderungen an die Genauigkeit des Volumens von Behältnissen und ihre Kennzeichnung,
6. die Angabe desjenigen, der Fertigpackungen oder Behältnisse herstellt, in den Geltungsbereich dieses Gesetzes verbringt oder in den Verkehr bringt,
7. die Anbringung von Aufschriften und Zeichen auf Fertigpackungen und Behältnissen und ihre Anerkennung durch die Physikalisch-Technische Bundesanstalt,
8. Art und Umfang der von den zuständigen Behörden durchzuführenden Prüfungen zur Überwachung der Einhaltung der Vorschriften, die auf Grund der Nummern 2, 3, 4 und 5 erlassen wurden, und über die Anerkennung von Prüfungen, die in anderen Staaten durchgeführt worden sind,
9. verbindliche Nennfüllmengen für Fertigpackungen und über die Pflicht zur Verwendung bestimmter Behältnisse mit einem bestimmten Volumen oder mit bestimmten Abmessungen für die Herstellung von Fertigpackungen

21.5 Los-Kennzeichnungs-Verordnung (LKV)
-Auszüge-

„Los-Kennzeichnungs-Verordnung vom 23. Juni 1993 (BGBl. I S. 1022), die zuletzt durch Artikel 4 des Gesetzes vom 25. Juli 2013 (BGBl. I S. 2722) geändert worden ist“

§ 1 Kennzeichnungspflicht
(1) Lebensmittel dürfen nur in den Verkehr gebracht werden, wenn sie mit einer Angabe gekennzeichnet sind, aus der das Los zu ersehen ist, zu dem sie gehören. Die Angabe muss aus einer Buchstaben-Kombination, Ziffern Kombination oder Buchstaben-/Ziffern-Kombination bestehen. Der Angabe ist der Buchstabe „L“ voranzustellen, soweit sie sich nicht deutlich von den anderen Angaben der Kennzeichnung unterscheidet.
(2) Ein Los ist die Gesamtheit von Verkaufseinheiten eines Lebensmittels, das unter praktisch gleichen Bedingungen erzeugt, hergestellt oder verpackt wurde. Das Los wird vom Erzeuger, Hersteller, Verpacker oder dem ersten im Inland niedergelassenen Verkäufer des betreffenden Lebensmittels festgelegt.

§ 2 Ausnahmen von der Kennzeichnungspflicht
§ 1 gilt nicht für
1. Agrarerzeugnisse, die unmittelbar von einem landwirtschaftlichen Betrieb
a) an Lager-, Aufmachungs- oder Verpackungsstellen verkauft oder verbracht werden,
b) an Erzeugerorganisationen weitergeleitet werden,
c) zur sofortigen Verwendung in einem in Betrieb befindlichen Zubereitungs- oder Verarbeitungssystem gesammelt werden;
2. Lebensmittel, die erst in der Verkaufsstätte auf Anfrage des Käufers oder im Hinblick auf ihre alsbaldige Abgabe an den Verbraucher, wobei dem Verbraucher Gaststätten, Einrichtungen zur Gemeinschaftsverpflegung sowie Gewerbetreibende, soweit sie Lebensmittel zum Verbrauch innerhalb ihrer Betriebsstätte beziehen, gleichstehen, verpackt und dort abgegeben werden;
3. Lebensmittel, die lose an den Verbraucher abgegeben werden;
4. Lebensmittel in Verpackungen oder Behältnissen, deren größte Einzelfläche weniger als 10 qcm beträgt;
5. Lebensmittel, bei denen das Mindesthaltbarkeitsdatum oder Verbrauchsdatum unverschlüsselt unter Angabe mindestens des Tages und des Monats in dieser Reihenfolge angegeben ist;
6. Lebensmittel, deren Kennzeichnung mit der Angabe des Loses
a) in Verordnungen der Europäischen Union,
b) In Rechtsverordnungen auf Grund des Weingesetzes

geregelt ist;
7. Speiseeis-Einzelpackungen.

§ 3 Art der Kennzeichnung
Die Angabe nach § 1 Abs. 1 muß gut sichtbar, deutlich lesbar und unverwischbar angebracht sein
1. bei Lebensmitteln in Fertigpackungen im Sinne des § 42 Absatz 1 des Mess- und Eichgesetzes, die dazu bestimmt sind, an den Verbraucher im Sinne des § 2 Nr. 2 abgegeben zu werden, auf der Fertigpackung oder einem mit ihr verbundenen Etikett,
2. bei anderen Lebensmitteln auf dem Behältnis oder der Verpackung oder in einem Begleitpapier.

21.6 Verordnung über Anforderungen an die Hygiene beim Herstellen, Behandeln und Inverkehrbringen von Lebensmitteln (LMHV)

-Auszüge-

„Lebensmittelhygiene-Verordnung in der Fassung der Bekanntmachung vom 21. Juni 2016 (BGBl. I S. 1469)"
Stand: Zuletzt geändert durch Art. 1 V v. 8.3.2016 I 444
Hinweis: Neufassung durch Bek. v. 21.6.2016 I 1469 (Nr. 29) noch nicht berücksichtigt

§ 1 Anwendungsbereich
Diese Verordnung dient der Regelung spezifischer lebensmittelhygienischer Fragen sowie der Umsetzung und Durchführung von Rechtsakten der Europäischen Gemeinschaft oder der Europäischen Union auf dem Gebiet der Lebensmittelhygiene.

§ 2 Begriffsbestimmungen
(1) Im Sinne dieser Verordnung sind
1. nachteilige Beeinflussung: eine Ekel erregende oder sonstige Beeinträchtigung der einwandfreien hygienischen Beschaffenheit von Lebensmitteln, wie durch Mikroorganismen, Verunreinigungen, Witterungseinflüsse, Gerüche, Temperaturen, Gase, Dämpfe, Rauch, Aerosole, tierische Schädlinge, menschliche und tierische Ausscheidungen sowie durch Abfälle, Abwässer, Reinigungsmittel, Pflanzenschutzmittel, Tierarzneimittel, Biozid-Produkte oder ungeeignete Behandlungs- und Zubereitungsverfahren,
2. leicht verderbliches Lebensmittel: ein Lebensmittel, das in mikrobiologischer Hinsicht in kurzer Zeit leicht verderblich ist und dessen Verkehrsfähigkeit nur bei Einhaltung bestimmter Temperaturen oder sonstiger Bedingungen erhalten werden kann,

3. Erlegen: Töten von Groß- und Kleinwild nach jagdrechtlichen Vorschriften.

§ 3 Allgemeine Hygieneanforderungen
Lebensmittel dürfen nur so hergestellt, behandelt oder in den Verkehr gebracht werden, dass sie bei Beachtung der im Verkehr erforderlichen Sorgfalt der Gefahr einer nachteiligen Beeinflussung nicht ausgesetzt sind. Mit lebenden Tieren nach § 4 Abs. 1 Nr. 1 des Lebensmittel- und Futtermittelgesetzbuches darf nur so umgegangen werden, dass von ihnen zu gewinnende Lebensmittel bei Beachtung der im Verkehr erforderlichen Sorgfalt der Gefahr einer nachteiligen Beeinflussung nicht ausgesetzt sind.

§ 4 Schulung
(1) Leicht verderbliche Lebensmittel dürfen nur von Personen hergestellt, behandelt oder in den Verkehr gebracht werden, die auf Grund einer Schulung nach Anhang II Kapitel XII Nr. 1 der Verordnung (EG) Nr. 852/2004 über ihrer jeweiligen Tätigkeit entsprechende Fachkenntnisse auf den in Anlage 1 genannten Sachgebieten verfügen. Die Fachkenntnisse nach Satz 1 sind auf Verlangen der zuständigen Behörde nachzuweisen. Satz 1 gilt nicht, soweit ausschließlich verpackte Lebensmittel gewogen, gemessen, gestempelt, bedruckt oder in den Verkehr gebracht werden. Satz 1 gilt nicht für die Primärproduktion und die Abgabe kleiner Mengen von Primärerzeugnissen nach § 5.
(2) Bei Personen, die eine wissenschaftliche Ausbildung oder eine Berufsausbildung abgeschlossen haben, in der Kenntnisse und Fertigkeiten auf dem Gebiet des Verkehrs mit Lebensmitteln einschließlich der Lebensmittelhygiene vermittelt werden, wird vermutet, dass sie für eine der jeweiligen Ausbildung entsprechende Tätigkeit

1. nach Anhang II Kapitel XII Nr. 1 der Verordnung (EG) Nr. 852/2004 in Fragen der Lebensmittelhygienegeschult sind und
2. über nach Absatz 1 erforderliche Fachkenntnisse verfügen.

§ 5 Anforderungen an die Abgabe kleiner Mengen bestimmter Primärerzeugnisse
(1) Wer kleine Mengen der in Absatz 2 genannten Primärerzeugnisse direkt an Verbraucher oder an örtliche Betriebe des Einzelhandels zur unmittelbaren Abgabe an Verbraucher abgibt, hat bei deren Herstellung und Behandlung unbeschadet der Anforderungen der Tierische Lebensmittel-Hygieneverordnung die Anforderungen der Anlage 2 einzuhalten. Örtliche Betriebe des Einzelhandels sind im Falle von Absatz 2 Nr. 2 Betriebe des Einzelhandels, die im Umkreis von nicht mehr als 100 Kilometern vom Wohnort des Jägers oder dem Erlegeort des Wildes gelegen sind.

(2) Kleine Mengen im Sinne des Absatzes 1 Satz 1 sind im Falle von

1. pflanzlichen Primärerzeugnissen, Honig, lebenden, frischen oder zubereiteten Fischereierzeugnissen, deren Beschaffenheit nicht wesentlich verändert wurde, oder lebenden Muscheln aus eigener Erzeugung, eigenem Fang oder eigener Ernte:
   a) bei direkter Abgabe an Verbraucher haushaltsübliche Mengen,
   b) bei Abgabe an Betriebe des Einzelhandels Mengen, die der für den jeweiligen Betrieb tagesüblichen Abgabe an Verbraucher entsprechen,
2. erlegtem Wild: die Strecke eines Jagdtages,
3. Eiern: Eier aus eigener Erzeugung von Betrieben mit weniger als 350 Legehennen.

§ 6 Herstellung bestimmter traditioneller Lebensmittel

Für Lebensmittelunternehmer, die ein in Anlage 3 Spalte 1 genanntes Lebensmittel herstellen, gelten die in Anlage 3 Spalte 2 jeweils bezeichneten Anforderungen des Anhangs II der Verordnung (EG) Nr. 852/2004 nicht hinsichtlich der in Anlage 3 Spalte 3 jeweils bezeichneten Räume oder Geräte und Ausrüstungen.

§ 6a Ausnahmen für die Herstellung von Hart- und Schnittkäse in Betrieben der Alm-oder Alpwirtschaft

Für Lebensmittelunternehmer, die in Betrieben der Alm- oder Alpwirtschaft Hart- oder Schnittkäse mit einer Reifungszeit von jeweils mehr als 60 Tagen herstellen, gelten die in Anlage 3a Spalte 2 jeweils bezeichneten Anforderungen der Verordnung (EG) Nr. 852/2004 nicht, soweit die in Anlage 3a Spalte 3 jeweils bezeichneten Anforderungen erfüllt werden.

Anlage 1 (zu § 4 Abs. 1 Satz 1)
Anforderungen an Fachkenntnisse in der Lebensmittelhygiene
(Fundstelle: BGBl. I 2008, 107)

1. Eigenschaften und Zusammensetzung des jeweiligen Lebensmittels
2. Hygienische Anforderungen an die Herstellung und Verarbeitung des jeweiligen Lebensmittels
3. Lebensmittelrecht
4. Warenkontrolle, Haltbarkeitsprüfung und Kennzeichnung
5. Betriebliche Eigenkontrollen und Rückverfolgbarkeit
6. Havarieplan, Krisenmanagement
7. Hygienische Behandlung des jeweiligen Lebensmittels
8. Anforderungen an Kühlung und Lagerung des jeweiligen Lebensmittels

9. Vermeidung einer nachteiligen Beeinflussung des jeweiligen Lebensmittels beim Umgang mit Lebensmittelabfällen, ungenießbaren Nebenerzeugnissen und anderen Abfällen
10. Reinigung und Desinfektion

Anlage 2 (zu § 5 Abs. 1 Satz 1)
Anforderungen an die Abgabe kleiner Mengen von Primärerzeugnissen
(Fundstelle: BGBl. I 2007, 1821)

21.7 Gesetz gegen den unlauteren Wettbewerb (UWG)

-Auszüge-
„Gesetz gegen den unlauteren Wettbewerb in der Fassung der Bekanntmachung vom 3. März 2010 (BGBl. I S.254), das zuletzt durch Artikel 4 des Gesetzes vom 17. Februar 2016 (BGBl. I S. 233) geändert worden ist"

§ 1 Zweck des Gesetzes
Dieses Gesetz dient dem Schutz der Mitbewerber, der Verbraucherinnen und Verbraucher sowie der sonstigen Marktteilnehmer vor unlauteren geschäftlichen Handlungen. Es schützt zugleich das Interesse der Allgemeinheit an einem unverfälschten Wettbewerb.

§ 3 Verbot unlauterer geschäftlicher Handlungen
(1) Unlautere geschäftliche Handlungen sind unzulässig.
(2) Geschäftliche Handlungen, die sich an Verbraucher richten oder diese erreichen, sind unlauter, wenn sie nicht der unternehmerischen Sorgfalt entsprechen und dazu geeignet sind, das wirtschaftliche Verhalten des Verbrauchers wesentlich zu beeinflussen.
(3) Die im Anhang dieses Gesetzes aufgeführten geschäftlichen Handlungen gegenüber Verbrauchern sind stets unzulässig.
(4) Bei der Beurteilung von geschäftlichen Handlungen gegenüber Verbrauchern ist auf den durchschnittlichen Verbraucher oder, wenn sich die geschäftliche Handlung an eine bestimmte Gruppe von Verbrauchern wendet, auf ein durchschnittliches Mitglied dieser Gruppe abzustellen. Geschäftliche Handlungen, die für den Unternehmer vorhersehbar das wirtschaftliche Verhalten nur einer eindeutig identifizierbaren Gruppe von Verbrauchern wesentlich beeinflussen, die auf Grund von geistigen oder körperlichen Beeinträchtigungen, Alter oder Leichtgläubigkeit im Hinblick auf diese geschäftlichen Handlungen oder die diesen zugrunde liegenden Waren oder Dienstleistungen besonders schutzbedürftig sind, sind aus der Sicht eines durchschnittlichen Mitglieds dieser Gruppe zu beurteilen.

§ 3a Rechtsbruch

Unlauter handelt, wer einer gesetzlichen Vorschrift zuwiderhandelt, die auch dazu bestimmt ist, im Interesse der Marktteilnehmer das Marktverhalten zu regeln, und der Verstoß geeignet ist, die Interessen von Verbrauchern, sonstigen Marktteilnehmern oder Mitbewerbern spürbar zu beeinträchtigen.

§ 4 Mitbewerberschutz

Unlauter handelt, wer

1. die Kennzeichen, Waren, Dienstleistungen, Tätigkeiten oder persönlichen oder geschäftlichen Verhältnisse eines Mitbewerbers herabsetzt oder verunglimpft;
2. über die Waren, Dienstleistungen oder das Unternehmen eines Mitbewerbers oder über den Unternehmer oder ein Mitglied der Unternehmensleitung Tatsachen behauptet oder verbreitet, die geeignet sind, den Betrieb des Unternehmens oder den Kredit des Unternehmers zu schädigen, sofern die Tatsachen nicht erweislich wahr sind; handelt es sich um vertrauliche Mitteilungen und hat der Mitteilende oder der Empfänger der Mitteilung an ihr ein berechtigtes Interesse, so ist die Handlung nur dann unlauter, wenn die Tatsachen der Wahrheit zuwider behauptet oder verbreitet wurden;
3. Waren oder Dienstleistungen anbietet, die eine Nachahmung der Waren oder Dienstleistungen eines Mitbewerbers sind, wenn er
   a) eine vermeidbare Täuschung der Abnehmer über die betriebliche Herkunft herbeiführt,
   b) die Wertschätzung der nachgeahmten Ware oder Dienstleistung unangemessen ausnutzt oder beeinträchtigt oder
   c) die für die Nachahmung erforderlichen Kenntnisse oder Unterlagen unredlich erlangt hat;
4. Mitbewerber gezielt behindert.

§ 4a Aggressive geschäftliche Handlungen

(1) Unlauter handelt, wer eine aggressive geschäftliche Handlung vornimmt, die geeignet ist, den Verbraucher oder sonstigen Marktteilnehmer zu einer geschäftlichen Entscheidung zu veranlassen, die dieser andernfalls nicht getroffen hätte. Eine geschäftliche Handlung ist aggressiv, wenn sie im konkreten Fall unter Berücksichtigung aller Umstände geeignet ist, die Entscheidungsfreiheit des Verbrauchers oder sonstigen Marktteilnehmers erheblich zu beeinträchtigen durch

1. Belästigung,
2. Nötigung einschließlich der Anwendung körperlicher Gewalt oder
3. unzulässige Beeinflussung.

Eine unzulässige Beeinflussung liegt vor, wenn der Unternehmer eine Machtposition gegenüber dem Verbraucher oder sonstigen Marktteilnehmer zur Ausübung von Druck, auch ohne Anwendung oder Androhung von körperlicher Gewalt, in einer Weise ausnutzt, die die Fähigkeit des Verbrauchers oder sonstigen Marktteilnehmers zu einer informierten Entscheidung wesentlich einschränkt.

(2) Bei der Feststellung, ob eine geschäftliche Handlung aggressiv im Sinne des Absatzes 1 Satz 2 ist, ist abzustellen auf

1. Zeitpunkt, Ort, Art oder Dauer der Handlung;
2. die Verwendung drohender oder beleidigender Formulierungen oder Verhaltensweisen;
3. die bewusste Ausnutzung von konkreten Unglückssituationen oder Umständen von solcher Schwere, dass sie das Urteilsvermögen des Verbrauchers oder sonstigen Marktteilnehmers beeinträchtigen, um dessen Entscheidung zu beeinflussen;
4. belastende oder unverhältnismäßige Hindernisse nichtvertraglicher Art, mit denen der Unternehmer den Verbraucher oder sonstigen Marktteilnehmer an der Ausübung seiner vertraglichen Rechte zu hindern versucht, wozu auch das Recht gehört, den Vertrag zu kündigen oder zu einer anderen Ware oder Dienstleistung oder einem anderen Unternehmer zu wechseln;
5. Drohungen mit rechtlich unzulässigen Handlungen.

Zu den Umständen, die nach Nummer 3 zu berücksichtigen sind, zählen insbesondere geistige und körperliche Beeinträchtigungen, das Alter, die geschäftliche Unerfahrenheit, die Leichtgläubigkeit, die Angst und die Zwangslage von Verbrauchern.

§ 5 Irreführende geschäftliche Handlungen

(1) Unlauter handelt, wer eine irreführende geschäftliche Handlung vornimmt, die geeignet ist, den Verbraucher oder sonstigen Marktteilnehmer zu einer geschäftlichen Entscheidung zu veranlassen, die er andernfalls nicht getroffen hätte. Eine geschäftliche Handlung ist irreführend, wenn sie unwahre Angaben enthält oder sonstige zur Täuschung geeignete Angaben über folgende Umstände enthält:

1. die wesentlichen Merkmale der Ware oder Dienstleistung wie Verfügbarkeit, Art, Ausführung, Vorteile, Risiken, Zusammensetzung, Zubehör, Verfahren oder Zeitpunkt der Herstellung, Lieferung oder Erbringung, Zwecktauglichkeit, Verwendungsmöglichkeit, Menge, Beschaffenheit, Kundendienst und Beschwerdeverfahren, geographische oder betriebliche Herkunft, von der Verwendung zu erwartende Ergebnisse oder die Ergebnisse oder wesentlichen Bestandteile von Tests der Waren oder Dienstleistungen;
2. den Anlass des Verkaufs wie das Vorhandensein eines besonderen Preisvorteils, den Preis oder die Art und Weise, in der er be-

rechnet wird, oder die Bedingungen, unter denen die Ware geliefert oder die Dienstleistung erbracht wird;
3. die Person, Eigenschaften oder Rechte des Unternehmers wie Identität, Vermögen einschließlich der Rechte des geistigen Eigentums, den Umfang von Verpflichtungen, Befähigung, Status, Zulassung, Mitgliedschaften oder Beziehungen, Auszeichnungen oder Ehrungen, Beweggründe für die geschäftliche Handlung oder die Art des Vertriebs;
4. Aussagen oder Symbole, die im Zusammenhang mit direktem oder indirektem Sponsoring stehen oder sich auf eine Zulassung des Unternehmers oder der Waren oder Dienstleistungen beziehen;
5. die Notwendigkeit einer Leistung, eines Ersatzteils, eines Austauschs oder einer Reparatur;
6. die Einhaltung eines Verhaltenskodexes, auf den sich der Unternehmer verbindlich verpflichtet hat, wenn er auf diese Bindung hinweist, oder
7. Rechte des Verbrauchers, insbesondere solche auf Grund von Garantieversprechen oder Gewährleistungsrechte bei Leistungsstörungen.

(2) Eine geschäftliche Handlung ist auch irreführend, wenn sie im Zusammenhang mit der Vermarktung von Waren oder Dienstleistungen einschließlich vergleichender Werbung eine Verwechslungsgefahr mit einer anderen Ware oder Dienstleistung oder mit der Marke oder einem anderen Kennzeichen eines Mitbewerbers hervorruft.
(3) Angaben im Sinne von Absatz 1 Satz 2 sind auch Angaben im Rahmen vergleichender Werbung sowie bildliche Darstellungen und sonstige Veranstaltungen, die darauf zielen und geeignet sind, solche Angaben zu ersetzen.
(4) Es wird vermutet, dass es irreführend ist, mit der Herabsetzung eines Preises zu werben, sofern der Preis nur für eine unangemessen kurze Zeit gefordert worden ist. Ist streitig, ob und in welchem Zeitraum der Preis gefordert worden ist, so trifft die Beweislast denjenigen, der mit der Preisherabsetzung geworben hat.

§ 6 Vergleichende Werbung
(1) Vergleichende Werbung ist jede Werbung, die unmittelbar oder mittelbar einen Mitbewerber oder die von einem Mitbewerber angebotenen Waren oder Dienstleistungen erkennbar macht.
(2) Unlauter handelt, wer vergleichend wirbt, wenn der Vergleich
1. sich nicht auf Waren oder Dienstleistungen für den gleichen Bedarf oder dieselbe Zweckbestimmung bezieht,
2. nicht objektiv auf eine oder mehrere wesentliche, relevante, nachprüfbare und typische Eigenschaften oder den Preis dieser Waren oder Dienstleistungen bezogen ist,

3. im geschäftlichen Verkehr zu einer Gefahr von Verwechslungen zwischen dem Werbenden und einemMitbewerber oder zwischen den von diesen angebotenen Waren oder Dienstleistungen oder den von ihnen verwendeten Kennzeichen führt,
4. den Ruf des von einem Mitbewerber verwendeten Kennzeichens in unlauterer Weise ausnutzt oder beeinträchtigt,
5. die Waren, Dienstleistungen, Tätigkeiten oder persönlichen oder geschäftlichen Verhältnisse eines Mitbewerbers herabsetzt oder verunglimpft oder
6. eine Ware oder Dienstleistung als Imitation oder Nachahmung einer unter einem geschützten Kennzeichen vertriebenen Ware oder Dienstleistung darstellt.

§ 7 Unzumutbare Belästigungen
(1) Eine geschäftliche Handlung, durch die ein Marktteilnehmer in unzumutbarer Weise belästigt wird, ist unzulässig. Dies gilt insbesondere für Werbung, obwohl erkennbar ist, dass der angesprochene Marktteilnehmer diese Werbung nicht wünscht.
(2) Eine unzumutbare Belästigung ist stets anzunehmen
1. bei Werbung unter Verwendung eines in den Nummern 2 und 3 nicht aufgeführten, für den Fernabsatz geeigneten Mittels der kommerziellen Kommunikation, durch die ein Verbraucher hartnäckig angesprochen wird, obwohl er dies erkennbar nicht wünscht;
2. bei Werbung mit einem Telefonanruf gegenüber einem Verbraucher ohne dessen vorherige ausdrückliche Einwilligung oder gegenüber einem sonstigen Marktteilnehmer ohne dessen zumindest mutmaßliche Einwilligung,
3. bei Werbung unter Verwendung einer automatischen Anrufmaschine, eines Faxgerätes oder elektronischer Post, ohne dass eine vorherige ausdrückliche Einwilligung des Adressaten vorliegt, oder
4. bei Werbung mit einer Nachricht,
a) bei der die Identität des Absenders, in dessen Auftrag die Nachricht übermittelt wird, verschleiert oder verheimlicht wird oder
b) bei der gegen § 6 Absatz 1 des Telemediengesetzes verstoßen wird oder in der der Empfängeraufgefordert wird, eine Website aufzurufen, die gegen diese Vorschrift verstößt, oder
c) bei der keine gültige Adresse vorhanden ist, an die der Empfänger eine Aufforderung zur Einstellung solcher Nachrichten richten kann, ohne dass hierfür andere als die Übermittlungskosten nach den Basistarifen entstehen.
(3) Abweichend von Absatz 2 Nummer 3 ist eine unzumutbare Belästigung bei einer Werbung unter Verwendung elektronischer Post nicht anzunehmen, wenn

1. ein Unternehmer im Zusammenhang mit dem Verkauf einer Ware oder Dienstleistung von dem Kunden dessen elektronische Postadresse erhalten hat,
2. der Unternehmer die Adresse zur Direktwerbung für eigene ähnliche Waren oder Dienstleistungen verwendet,
3. der Kunde der Verwendung nicht widersprochen hat und
4. der Kunde bei Erhebung der Adresse und bei jeder Verwendung klar und deutlich darauf hingewiesen wird, dass er der Verwendung jederzeit widersprechen kann, ohne dass hierfür andere als die Übermittlungskosten nach den Basistarifen entstehen.

21.8 Gewerbeordnung (GewO)

-Auszüge-

„Gewerbeordnung in der Fassung der Bekanntmachung vom 22. Februar 1999 (BGBl. I S. 202), die durch Artikel 10 des Gesetzes vom 11. März 2016 (BGBl. I S. 396) geändert worden ist“
Stand: Neugefasst durch Bek. v. 22.2.1999 I 202;
Hinweis: Änderung durch Art. 10 G v. 11.3.2016 I 396 (Nr. 12) textlich nachgewiesen, dokumentarisch noch nicht abschließend bearbeitet

§ 14 Anzeigepflicht; Verordnungsermächtigung

(1) Wer den selbständigen Betrieb eines stehenden Gewerbes, einer Zweigniederlassung oder einer unselbständigen Zweigstelle anfängt, muss dies der zuständigen Behörde gleichzeitig anzeigen. Das Gleiche gilt,
wenn

1. der Betrieb verlegt wird,
2. der Gegenstand des Gewerbes gewechselt oder auf Waren oder Leistungen ausgedehnt wird, die bei Gewerbebetrieben der angemeldeten Art nicht geschäftsüblich sind, oder
3. der Betrieb aufgegeben wird.

§ 15 Empfangsbescheinigung, Betrieb ohne Zulassung

(1) Die Behörde bescheinigt innerhalb dreier Tage den Empfang der Anzeige.
(2) Wird ein Gewerbe, zu dessen Ausübung eine Erlaubnis, Genehmigung, Konzession oder Bewilligung (Zulassung) erforderlich ist, ohne diese Zulassung betrieben, so kann die Fortsetzung des Betriebes von der zuständigen Behörde verhindert werden. Das gleiche gilt, wenn ein Gewerbe von einer ausländischen juristischen Person begonnen wird, deren Rechtsfähigkeit im Inland nicht anerkannt wird.

§ 55 Reisegewerbekarte

(1) Ein Reisegewerbe betreibt, wer gewerbsmäßig ohne vorhergehende Bestellung außerhalb seiner gewerblichen Niederlassung (§ 4 Absatz 3) oder ohne eine solche zu haben

1. Waren feilbietet oder Bestellungen aufsucht (vertreibt) oder ankauft, Leistungen anbietet oder Bestellungen auf Leistungen aufsucht oder
2. unterhaltende Tätigkeiten als Schausteller oder nach Schaustellerart ausübt.

(2) Wer ein Reisegewerbe betreiben will, bedarf der Erlaubnis (Reisegewerbekarte).

(3) Die Reisegewerbekarte kann inhaltlich beschränkt, mit einer Befristung erteilt und mit Auflagen verbunden werden, soweit dies zum Schutze der Allgemeinheit oder der Verbraucher erforderlich ist; unter denselben Voraussetzungen ist auch die nachträgliche Aufnahme, Änderung und Ergänzung von Auflagen zulässig.

§ 55a Reisegewerbekartenfreie Tätigkeiten

(1) Einer Reisegewerbekarte bedarf nicht, wer

1. gelegentlich der Veranstaltung von Messen, Ausstellungen, öffentlichen Festen oder aus besonderem Anlass mit Erlaubnis der zuständigen Behörde Waren feilbietet;
2. selbstgewonnene Erzeugnisse der Land- und Forstwirtschaft, des Gemüse-, Obst- und Gartenbaues, der Geflügelzucht und Imkerei sowie der Jagd und Fischerei vertreibt;
3. Tätigkeiten der in § 55 Abs. 1 Nr. 1 genannten Art in der Gemeinde seines Wohnsitzes oder seiner gewerblichen Niederlassung ausübt, sofern die Gemeinde nicht mehr als 10 000 Einwohner zählt;
4. (weggefallen)
5. auf Grund einer Erlaubnis nach § 4 des Milch- und Margarinegesetzes Milch oder bei dieser Tätigkeit auch Milcherzeugnisse abgibt;

§ 55c Anzeigepflicht

Wer als Gewerbetreibender auf Grund des § 55a Abs. 1 Nr. 3, 9 oder 10 einer Reisegewerbekarte nicht bedarf, hat den Beginn des Gewerbes der zuständigen Behörde anzuzeigen, soweit er sein Gewerbe nicht bereits nach § 14 Abs. 1 bis 3 anzumelden hat.

§ 55e Sonn- und Feiertagsruhe

(1) An Sonn- und Feiertagen sind die in § 55 Abs. 1 Nr. 1 genannten Tätigkeiten mit Ausnahme des Feilbietens von Waren und gastgewerblicher Tätigkeiten im Reisegewerbe verboten, auch wenn sie unselbständig ausgeübt werden. Dies gilt nicht für die unter § 55b Abs. 1

fallende Tätigkeit, soweit sie von selbständigen Gewerbetreibenden ausgeübt wird.

§ 64 Messe

(1) Eine Messe ist eine zeitlich begrenzte, im Allgemeinen regelmäßig wiederkehrende Veranstaltung, auf der eine Vielzahl von Ausstellern das wesentliche Angebot eines oder mehrerer Wirtschaftszweige ausstellt und überwiegend nach Muster an gewerbliche Wiederverkäufer, gewerbliche Verbraucher oder Großabnehmer vertreibt.

(2) Der Veranstalter kann in beschränktem Umfang an einzelnen Tagen während bestimmter Öffnungszeiten Letztverbraucher zum Kauf zulassen.

§ 65 Ausstellung

Eine Ausstellung ist eine zeitlich begrenzte Veranstaltung, auf der eine Vielzahl von Ausstellern ein repräsentatives Angebot eines oder mehrerer Wirtschaftszweige oder Wirtschaftsgebiete ausstellt und vertreibt oder über dieses Angebot zum Zweck der Absatzförderung informiert.

§ 66 Großmarkt

Ein Großmarkt ist eine Veranstaltung, auf der eine Vielzahl von Anbietern bestimmte Waren oder Waren aller Art im Wesentlichen an gewerbliche Wiederverkäufer, gewerbliche Verbraucher oder Großabnehmer vertreibt.

§ 67 Wochenmarkt

(1) Ein Wochenmarkt ist eine regelmäßig wiederkehrende, zeitlich begrenzte Veranstaltung, auf der eine Vielzahl von Anbietern eine oder mehrere der folgenden Warenarten feilbietet:

1. Lebensmittel im Sinne des § 2 Absatz 2 des Lebensmittel- und Futtermittelgesetzbuchs mit Ausnahme alkoholischer Getränke; zugelassen sind alkoholische Getränke, soweit sie aus selbstgewonnenen Erzeugnissen des Weinbaus, der Landwirtschaft oder des Obst- und Gartenbaus hergestellt wurden;
   der Zukauf von Alkohol zur Herstellung von Likören und Geisten aus Obst, Pflanzen und anderen landwirtschaftlichen Ausgangserzeugnissen, bei denen die Ausgangsstoffe nicht selbst vergoren werden, durch den Urproduzenten ist zulässig;
2. Produkte des Obst- und Gartenbaus, der Land- und Forstwirtschaft und der Fischerei;
3. rohe Naturerzeugnisse mit Ausnahme des größeren Viehs.

(2) Die Landesregierungen können zur Anpassung des Wochenmarkts an die wirtschaftliche Entwicklung und die örtlichen Bedürfnisse der Verbraucher durch Rechtsverordnung bestimmen, daß über Absatz 1

hinaus bestimmte Waren des täglichen Bedarfs auf allen oder bestimmten Wochenmärkten feilgeboten werden dürfen.

§ 68 Spezialmarkt und Jahrmarkt
(1) Ein Spezialmarkt ist eine im allgemeinen regelmäßig in größeren Zeitabständen wiederkehrende, zeitlich begrenzte Veranstaltung, auf der eine Vielzahl von Anbietern bestimmte Waren feilbietet.
(2) Ein Jahrmarkt ist eine im Allgemeinen regelmäßig in größeren Zeitabständen wiederkehrende, zeitlich begrenzte Veranstaltung, auf der eine Vielzahl von Anbietern Waren aller Art feilbietet.
(3) Auf einem Spezialmarkt oder Jahrmarkt können auch Tätigkeiten im Sinne des § 60b Abs. 1 ausgeübt werden; §§ 55 bis 60a und 60c bis 61a bleiben unberührt.
§ 68a Verabreichen von Getränken und Speisen
Auf Märkten dürfen alkoholfreie Getränke und zubereitete Speisen, auf anderen Veranstaltungen im Sinne der §§ 64 bis 68 Kostproben zum Verzehr an Ort und Stelle verabreicht werden. Im Übrigen gelten für das Verabreichen von Getränken und zubereiteten Speisen zum Verzehr an Ort und Stelle die allgemeinen Vorschriften.

Serviceteil

Literatur

Bayerisches Staatsministerium für Umwelt, Gesundheit und Verbraucherschutz (StMUGV): Abfallvermeidung durch Regionalvermarktung – Ergebnisse einer Modelluntersuchung, August 2005.

BLOTENBERG, H., SCHOLZ, K.-U., BOKISCH, F.-J., LEICHT-ECKARD, E. (2006): Nachhaltige Herstellung und Vermarktung landwirtschaftlicher Erzeugnisse.

BRANDT, J. (1998): Aktiv verkaufen – besser verhandeln. Cornelsen, Berlin.

CORNELSEN, C. (2002): Das 1x1 der PR. Rudolf-Haufe-Verlag GmbH & Co KG, Planegg.

DETTMER, H. (1999): Gastgewerbliche Berufe in Theorie und Praxis. Verlag Handwerk und Technik, Hamburg.

E-BOOK RATGEBER: ONLINESHOP ERSTELLEN, www.homepage-erstellen.de.

GEBHARD-RHEINWALD, M. (2000): Motivation: Was ist Ihre Triebfeder? Konkreter Erfolg, 8. Ausgabe. G. Braun Fachverlage, Karlsruhe.

GEBHARD-RHEINWALD, M. (2000): So testen Sie Ihre Kundenzufriedenheit. Konkreter Erfolg, 12. Ausgabe. G. Braun Fachverlage, Karlsruhe.

GEBHARD-RHEINWALD, M. (2000): Beziehung – Grundlage zum Erfolg. Konkreter Erfolg, 6. Ausgabe. G. Braun Fachverlage, Karlsruhe.

GEBHARD-RHEINWALD, M. (2002): Das Management 1x1 für Ingenieure. Wiley-VCH-Verlag, Weinheim.

GEBHARD-RHEINWALD, M. (2000): Erfolg im Unternehmen und Verkauf. Life science technologien, 2. Ausgabe. Vogel-Verlag, München.

KEIM, H. (1995): Verkaufs- und Warenkunde. Deutscher Fachverlag, Frankfurt.

KETT, H., DUKINO, C. (2012): Regionales Internet-Marketing – Neue Wege der Kundenansprache!

KLOCKENHOFF, H. (1987): Fachverkäufer in der Fleischerei. Verlagsanstalt Handwerk GmbH, Düsseldorf.

Landratsamt Ansbach: „Merkblatt Direktvermarktung landwirtschaftlicher Erzeugnisse“, Stand 1.10.2013.

Leitfaden zur Gestaltung einer Website – Tipps und Einstiegshilfen für Webseiten der grünen Branche.

PELZ, PROF. DR. W.: SWOT-Analyse, www.wpelz.de/ress/swot.pdf.

PESOLD, M. (2007): Ladengestaltung und Warenpräsentation im Lebensmitteleinzelhandel: Psychologische Beeinflussung des Point of Sale (POS).

Gesellschaft für Projektmanagement Südtirol: Ihr Leitfaden für wirksames Projektmanagement, www.gpm-suedtirol.org/_media/downloads/pm-leitfaden_de.pdf.

SCHNEIDER, K. (1997): Werbung in Theorie und Praxis. M&S-Verlag, Waiblingen.

SCHWALBE, H. (1990): Marketingpraxis. Haufe, Freiburg.

Starthilfe – Der erfolgreiche Weg in die Selbständigkeit, Juni 2014, BMWi, Berlin.

WIRTHGEN, B./MAURER, O. (2000): Direktvermarktung. Ulmer-Verlag, Stuttgart.

WOLF, J. (1994): Marketing für den Mittelstand. W. Heyne-Verlag GmbH & Co KG, München.

ZEBHAUSER, H. (1980): Messen und Ausstellungen. Verlag Karl Thiemig, München.

Matthias Gebhard-Rheinwald

ist Dipl.-Ing. und Verkaufstrainer, Brenner von edlen Obstbränden und Direktvermarkter in der Pfalz. Er leitet Seminare zum Thema Verkauf, Marketing und Vertriebsstrategien u. a. auch für Hofladenbetreiber und Direktvermarkter

Bildquellen

Alle weiteren Bilder stammen von Birgit Rheinwald und dem Autor, mit Ausnahme folgender Bilder:
Agrarfoto.com: S 39
colourbox.de: Umschlagfoto
imago/Ralph Peters: S 142
imago/Weiss: S 98
Kenneth William Caleno/Shutterstock.com: S 97
Schindler&Scheibling AG Uster, www.schindler-scheibling.ch/Jucker Farm AG, Aathal-Seegräben, www.juckerfarm.ch: S 44 und 45
Studio_smile/Shutterstock.com: S 62

Die Zeichnungen fertigte Siegfried Lokau nach Vorlagen des Autors.

Sachregister

Die in diesem Buch enthaltenen Empfehlungen und Angaben sind vom Autor mit größter Sorgfalt zusammengestellt und geprüft worden. Eine Garantie für die Richtigkeit der Angaben kann aber nicht gegeben werden. Autor und Verlag übernehmen keinerlei Haftung für Schäden und Unfälle.

Bibliografische Information der Deutschen Nationalbibliothek
Die Deutsche Nationalbibliothek verzeichnet diese Publikation in der Deutschen Nationalbibliografie; detaillierte bibliografische Daten sind im Internet über http://dnb.d-nb.de abrufbar.

Wollgrasweg 41, 70599 Stuttgart (Hohenheim)
E-Mail: info@ulmer.de
Internet: www.ulmer-verlag.de
Lektorat: Anna Häusler
Umschlagentwurf: Verlag Eugen Ulmer
Satz: pagina GmbH, Tübingen
Druck und Bindung: Friedrich Pustet, Regensburg
Printed in Germany

ISBN 978-3-8001-0840-4

Selbst gemacht schmeckt's am besten!

Vielfalt aus dem Dörrapparat

- Dörren und Trocknen von Obst, Gemüse, Nüssen, Fleisch, Fisch und Kräutern
- Rezepte, die auch im Backofen funktionieren
- Vom Müsliriegel über Fruchtleder und Trockenfleisch bis zur Nudelsoße

Einfach Dörren & Trocknen.

100 Rezepte mit Obst, Gemüse, Fleisch, Nüssen und mehr. M. Keogh. 2016. 192 Seiten, 124 Farbfotos, 12 Zeichnungen, kart. ISBN 978-3-8001-0862-6.

Alles hausgemacht

- Nützliche Infos über Geräte und Zutaten
- Genaue Anleitungen mit Tipps vom Profi
- Erprobte Rezepte mit natürlichen Inhaltsstoffen

Fleisch pökeln und räuchern.

Von Schinken bis Spareribs. B. Gahm. 2. Auflage 2016. 128 Seiten, 120 Abbildungen, kart. ISBN 978-3-8001-0378-2.

Wurst wie früher

- Authentische Rezepte, die sich bewährt haben
- Viele Tipps und Hintergrundinfos
- Mit Hinweisen zum Räuchern und Lagern

Würste, Sülzen, Pasteten.

Selbst gemacht. B. Gahm. 5. Auflage 2013. 160 Seiten, 142 Farbfotos, kart. ISBN 978-3-8001-7876-6.

Ulmer **www.ulmer.de**